省级示范性高等职业院校课程改革教材

交通版高等职业教育规划教材

Photoshop
使用和设计

主　编　马丽香

副主编　杨　芳　陈　娜

人民交通出版社股份有限公司

China Communications Press Co.,Ltd.

内 容 提 要

本书通过 7 个项目,25 个典型任务,重点介绍了 Photoshop 在平面设计领域的应用和实现。这些项目和任务的设计几乎涵盖了平面设计中所有的领域,使学生在实际工作中能够快速适应不同岗位的需求。这些项目包括:初次体验 PS、海报设计制作、书籍封面设计、数码照片处理、网页界面设计、3D 效果图后期处理和 GIF 动画设计。

本书通俗易懂、循序渐进,不仅可以作为大中专院校相关专业的学生及平面设计培训班学员的教材,同时也可供各类平面设计专业人员以及电脑美术爱好者学习参考。

图书在版编目(CIP)数据

Photoshop 使用和设计 / 马丽香主编. —北京:

人民交通出版社股份有限公司,2016.7

ISBN 978-7-114-13206-3

Ⅰ . ①P… Ⅱ . ①马… Ⅲ . ①图象处理软件—教材

Ⅳ . ①TP391.41

中国版本图书馆 CIP 数据核字(2016)第 169833 号

书　　　名：**Photoshop 使用和设计**
著 作 者：马丽香
责任编辑：崔　建　朱明周
出版发行：人民交通出版社股份有限公司
地　　　址：(100011)北京市朝阳区安定门外外馆斜街 3 号
网　　　址：http://www.ccpress.com.cn
销售电话：(010)59757973
总 经 销：人民交通出版社股份有限公司发行部
经　　　销：各地新华书店
印　　　刷：北京市密东印刷有限公司
开　　　本：787 × 1092　1/16
印　　　张：13.25
字　　　数：313 千
版　　　次：2016 年 8 月　第 1 版
印　　　次：2016 年 8 月　第 1 次印刷
书　　　号：ISBN 978-7-114-13206-3
定　　　价：48.00 元

(有印刷、装订质量问题的图书由本公司负责调换)

前　言

　　本书以介绍平面设计师工作岗位中常见的各类平面作品的设计处理方法为主线。在教材编写过程中，采用项目教学法，将 Photoshop 的知识点进行分解和编排，并融入到各个项目及任务中，集通俗性、实用性、技巧性为一体。在这些具体的任务中包含大量的细节和实现的不唯一性。学生在学习项目的过程中，能够学到 Photoshop 中各种工具的外在联系性和内在联系性，而不是孤立地学习 Photoshop 中的每一样工具的使用。这种联系性能够使学生记忆得更长久，并且在以后的创作中增加创作的灵活性。

　　本书通俗易懂、循序渐进，不仅可以作为大中专院校相关专业的学生及培训班学员的教材，适合 Photoshop 初、中级用户阅读，同时也可供各类平面设计专业人员以及电脑美术爱好者学习参考。

　　由于教学需要，在本书中引用了一些公司标志、产品图片、明星照片等，在此向原作者表示感谢。

　　本书由马丽香主编，杨芳、陈娜担任副主编。其中，杨芳完成项目五、陈娜完成项目六的编写，其余项目由马丽香完成编写。本书在教学项目开发过程中，学院领导、信息系领导和电脑美术教研室的同事提出了大量建设性意见，本专业历届学生提供了很多设计作品，在此表示诚挚的感谢。由于作者水平有限，加之时间仓促，书中错漏之处，敬请广大用户和读者批评指正、不吝赐教。

作　者

2016 年 3 月

目　　录

项目一 初次体验 PS

【项目描述】

Photoshop 的功能无比优秀,在图像处理领域中可以说是一枝独秀,被广泛应用于印刷、广告设计、封面制作、网页图像制作和影像编辑、版面设计、艺术创作、相片后期处理、3D 效果图后期处理等领域。

本项目以设计企业常见的入门任务作为引领,让学生初步感受 PS 的魔力。主要包括扫描文件的合并处理,图像添加特效,奥迪标志的绘制,简单 P 图,要求学生掌握 Photoshop(简称 PS)的基本概念,初步引入图层的概念,形成读取分辨矢量图、位图的初级能力;以及对图像和画布的调整能力。

【设计任务】

- 拼合书籍扫描件。
- 设计图像的油画效果。
- 奥迪标志绘制。
- 人像的简单 P 图。

【学习目标】

- 掌握位图、矢量图概念。
- 像素概念的深刻理解。
- 理解图像分辨率概念。
- 掌握源文件.PSD 的概念。
- 常见图像格式文件。
- 初步引入图像合成概念。
- 基本的快捷键的接触。
- PS 中改变图像大小和画布大小,以及改变图像方向的能力。
- 了解 PS 的工作方式和基本操作方法。
- 常用的处理图像方式的能力。
- 分析色彩构成的能力。

【考核标准】

- 能熟练打开文件,保存源文件和常见图像格式文件。
- 解释核心概念:图像、像素、分辨率、图层。

- 可以简单分析图像的构成。
- 能设计制作一个与自己的偶像合影的图像。
- 将给定的两幅素材合成一个新主题的作品。

任务1 拼合书籍

现实工作中,经常会有一些原始图像或客户的扫描图片,需要将其拼合起来,这是非常常见的设计任务。本任务就是对一本书的扫描件进行拼合。同时开始对 Photoshop 的基本使用有感性认识,并慢慢导入相关的专业术语。

图1-1 所示为书籍拼合的最终效果。

图 1-1 书籍拼合最终效果

任 务 实 施

1. 选择"文件"菜单下的"打开"命令,找到原始图像"书籍扫描图的左边",如图1-2 所示。

图 1-2 原始图像

2.选择"图像"菜单中"放置画布"下的"逆时针旋转90度"命令,将当前的画布进行旋转,如图1-3所示。

图 1-3 旋转画布

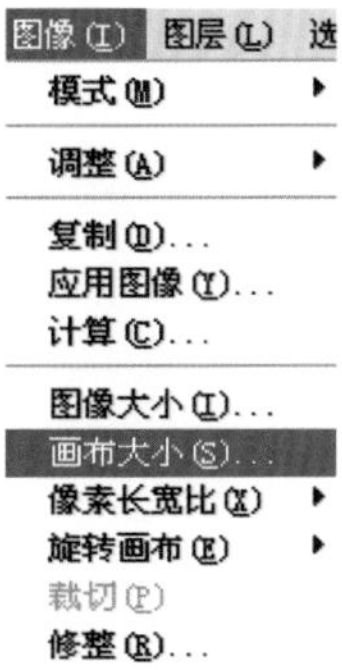

3.选择"图像"菜单下的"画布大小"命令对图像进行画布大小的改变。如图1-4所示。

4.注意更改画布大小命令的参数,如图1-5所示,单击"确定"按钮,得到如图1-6所示的效果。

5.此时将"书籍扫描图的右边"文件打开,用同样的方法使用"图像"菜单中"旋转画布"下的"逆时针旋转90度"命令对其进行旋转,然后使用工具箱中的移动工具将其拖到"书籍扫描图的左边"中。

6.通过移动工具或键盘的上下方向键调整好图片的位置,使用裁切工具对当前文件进行裁切。

图 1-4

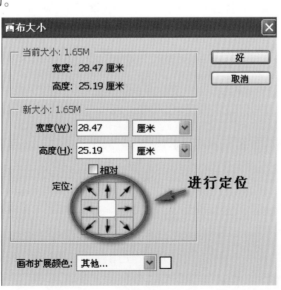

图 1-5

图 1-6

7. 使用裁切工具对当前文件进行裁图。

8. 在裁切框内双击鼠标左键确认操作结果，得到最终的效果，如图1-7所示。

图 1-7

注意 使用裁切工具的时候需要将"视图"菜单命令中"对齐到"的"文档边界"取消，以防止操作困难。

知 识 链 接

Photoshop 软件界面结构和控制

1. Photoshop 软件界面结构

Photoshop 的界面（图1-8）在结构上简洁而明确，由菜单栏、工具栏、工具选项调板、浮动面板、状态栏和主要的操作区域——图像窗口组成。各个部分有机结合，相互联系。在具体使用Photoshop 的时候，它们之间是一种综合性的搭配使用方式。如果说 Photoshop 有难度的话，也就是难在这一点上。另外，Photoshop 在界面美化上下了一番功夫，我们可以看到熟悉的工具箱变得更加漂亮。我们可以在更加舒服的环境下享受 Photoshop 带给我们的神奇魅力了。

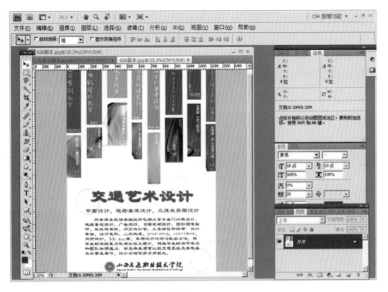

图 1-8

（1）菜单栏（图1-9）：对图像的基本操作大多能从菜单命令里找到。

图 1-9

（2）工具选项调板：对应每一个工具的关联调板，提供了相应的选项和参数。

（3）工具栏：是 Photoshop 的核心控制区，里面包含了使用频率非常高的选择工具、绘图工具、修图工具、文字工具、图形工具等。

（4）状态栏：显示一些有关 Photoshop 处理图像的状态信息，包括文档的大小，暂存盘的大小等。

（5）浮动面板（图1-10）：包括图层、通道、路径、文字等面板，运用面板需要结合菜单和工具箱才能真正发挥它的强大功能。

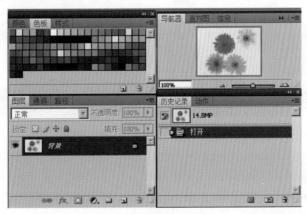

图 1-10

2. 工具栏

工具栏中有 Photoshop 常用的一些工具,是 Photoshop 使用的核心。

在 Photoshop 的工具栏内,凡是看到工具右下方有小三角的表示有隐藏工具,按住鼠标左键不放即可以弹出。工具右面的英文大写字母为相对应的快捷键。默认情况下,同时按住 Shift 键和快捷键字母键可以进行工具切换。

除了图 1-11 所示的工具之外,还有前景色和背景色的按钮,单击可以弹出拾色器,从中可按照一定的方法调色。

3. 视图的控制

选择"文件"菜单下的"打开"命令,选择一张有关花的图片,如图 1-12 所示。

(1)放大镜工具

选择工具箱中的放大镜工具可以对图像放大或缩小,光标在画面内为一个带加号的放大镜,单击这个放大镜,即可实现图像的成倍放大;而按住 Alt 键使用缩放工具时,光标为一带减号的缩小镜,单击可实现图像的成倍缩小;也可以使用缩放工具在图像内圈出部分区域,来实现放大或缩小指定区域的操作。

当选中放大镜工具后,在工具选项调板上会出现设定缩放工具的相关参数,其参数意义如下所述。

图 1-11

- 调整窗口大小以满屏显示:选中此复制选框,Photoshop 会在调整显示比例的同时自动调整图像窗口大小,使图像以最合适的窗口大小显示。

图 1-12

- 忽略调板:选中此复选框,则在以实际像素(RESIZE WINDOWS TO FIT)方式进行缩放窗口时,Photoshop 将忽略控制面板的存在。这是因为 Photoshop 会自动计算出控制面板在 Photoshop 界面上的位置,这样可以避免因窗口放大而被控制面板遮住的麻烦。如果选中了"忽略"面板复选框,则 Photoshop 就会放弃计算控制面板的位置,而直接进行窗口缩放。

- 实际像素:单击此按钮可使窗口以100%的比例显示,与双击缩放工具的作用相同。
- 满画布显示:单击此按钮可使窗口以最合适的大小和最合适的显示比例完整地显示图像。此功能与双击抓手工具的功能相同。
- 打印尺寸:单击此按钮可以使图像以1∶1的实际打印尺寸显示。

（2）导航器面板

也可使用导航器面板来控制视图的缩放和移动,单击面板下面的两个三角形可以放大或缩小视图,拖动中间的滑块也可以,如图1-13所示。

（3）抓手工具

当图像的显示比例较大时,图像窗口不能完全显示整幅画面,这时可以使用抓手工具,也可以按下快捷键H来拖动画面,以显示图像的不同部位。

（4）改变屏幕显示外观

在Photoshop中有3种观察图像的模式:标准模式、带有菜单的全屏模式、全屏模式。可通过点击工具箱中相应的命令按钮实现,也可以按下快捷键F(英文输入状态下)。

图　1-13

（5）快捷键

使用快捷键是提高工作效率的一种手段,也可以体现一个软件使用者的操作熟练程度。这里列举了一些重要和常用的快捷命令,供读者记忆和使用。

常用的工具箱对应的快捷键,如图1-14所示。

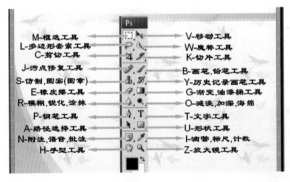

图　1-14

26个英文字母所对应的快捷键,见表1-1。

表1-1

A-路径选择工具	B-画笔、铅笔工具	C-剪切工具	D-默认前背景颜色	E-橡皮擦工具	F-显示模式切换
G-渐变、油漆桶工具	H-手型工具	I-滴管,标尺,计数	J-污点修复工具	K-切片工具	L-多边形套索工具
M-框选工具	N-附注,语音,批注	O-减淡,加深,海绵	P-钢笔工具	Q-以标准模式编辑	R-模糊,锐化,涂抹
S-仿制图案(图章)	T-文字工具	U-形状工具	V-移动工具	W-魔棒工具	X-切换前后背景色
Y-历史记录画笔工具	Z-放大镜工具				

任务 2　油画布效果制作

　　将一幅普通的图片处理成为油画的艺术风格，这是 Photoshop 处理图像的一种非常常用的方式，这种手法被称为"图像特效"。这个任务要求学生了解 Photoshop 的工作方式和基本操作方法。

　　图像的油画布效果如图 1-15 所示。

图　1-15

任 务 实 施

图　1-16

　　1.选择"文件"菜单下的"打开"命令，找到原始图像"牵牛花"。

　　2.选择"滤镜"菜单中"画笔描边"命令下的"喷溅"命令，如图 1-16 所示。

　　3.选择"滤镜"菜单中"画笔描边"命令下的"喷色描边"命令，如图 1-17 所示。

　　4.再次选择"滤镜"菜单中"画笔描边"命令下的"喷色描边"命令，这次注意改变描边的方向为左对角线。

　　5.选择"滤镜"菜单中"纹理"命令下的"纹理化"命令，注意选择纹理为"画布"类型。

　　6.得到了最终的效果后，可在图像画面上按住空格键临时调出手形工具，然后右击调出有视图的快捷菜单，在其中选择"实际像素"使图像以 100% 显示，可以观察图像的最佳效果。

图 1-17

知 识 链 接

图像的基本概念

要真正掌握 Photoshop, 仅仅掌握软件的操作是不够的, 还需要掌握有关图形图像的一些基本知识, 如图像类型、图像格式和颜色模式, 以及一些色彩原理知识等。尤其是对于像 Photoshop 这样一个专业的图像处理软件, 更是应该牢牢地掌握这些内容。也只有如此, 才能有效地用好软件为我们创造出优秀的艺术作品。下面将介绍一些主要的基本概念。

1. 像素

在 Photoshop 中将图像放大到极限大时会看到一个个的小方块(图 1-18)。每一个小方块拥有自己独立的颜色和位置。这一个个具有独立色彩和位置的小方块就是像素。像素是位图图像中的基本单元。人们所看到的具有丰富的色彩变化的图像其实都是由这样千千万万的小方块所组成的, 在 Photoshop 里面处理图像的本质是在对像素进行变化。

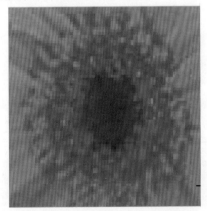

图 1-18

2. 图像的分辨率

分辨率是用于描述图像精度的术语。在位图图像里,一般用 1 英寸×1 英寸单位面积内像素的数量的多少来表示图像的分辨率,单位为:像素/英寸,或者 ppi(Pixel per Inch)。分辨率越大,单位面积里的像素也就越多,图像色彩也越丰富,同时文件尺寸也越大,所需的内存和 CPU 处理时间越长。这就说明在制作或处理图像时,并不是图像分辨率设的越大越好,而是根据具体的情况来设定,以便更好地提高工作效率。如用于出版印刷的图像的分辨率一般设定为 300 像素/英寸就可以了;用于网络设计的图像则更小,只需用 72 像素/英寸就可以了。

1)改变图像的分辨率

图像的分辨率可以在新建文件时设定,也可以建完以后再修改,选择"图像"菜单下的"图像大小",弹出"图像大小"对话框,在这个对话框中可以改变分辨率的大小。但请注意一点,虽然从软件的操作上来说分辨率可任意改大改小,但是一般来说将分辨率从大改到小没有问题,但是最好不要将分辨率从小改到大,因为会出现图像失真模糊的现象。

2)几种特殊的分辨率

(1)屏幕分辨率——72ppi。电脑显示器、电视机的显示屏幕分辨率是 72ppi,这就意味着如果一幅作品只需要进行屏幕观看,如网页设计、多媒体光盘界面、软件界面等,其分辨率只需要设置成 72ppi 就行了,进而提高操作效率。

(2)印刷分辨率——300ppi。如果那幅作品被用作印刷的话,一定别忘了一开始就将图像设置在 300ppi 或者更高的分辨率上,因为要保证印刷品的清晰程度,300ppi 是一个基本的保障。

3. 位图图像和矢量图形

在计算机中,图像是以数字方式来记录、处理和保存的,所以图像就是数字化图像。图像的类型分为两种:矢量图形与位图图像。这两种类型的图像各有优缺点,两者各自的优点恰好又可以弥补彼此的缺点,因此在绘图与图像处理的过程中,往往需要将这两种类型的图像结合运用,才能取长补短,使作品更为完善。

1)位图

所谓位图指由一个个具有自己独立颜色和位置的像素组成的图像。通常由诸如 Adobe Photoshop 和 PAINTER 等软件产生。因为它的方块特点,位图也称栅格图。

位图图像能够表现出颜色和色调变化丰富的图像,可以逼真地表现自然界的景观,同时也可以很容易地在不同软件之间交换文件,这就是位图图像的优点。而其缺点是位图图像在放大时会产生马赛克的现象,而且文件尺寸较大,对内存和硬盘空间容量的需求也较高。

位图图像的分辨率越高,图像质量越好,即色彩更加丰富,图像更加精美;相反分辨率越低,图像质量越低,色彩也相对单调一些。位图常用来描述人物图像和风景,如图 1-19 所示。

图　1-19

2）矢量图

　　所谓矢量图是由诸如 Adobe Illustrator、Macromedia Freehand 和 Corel Draw 等一系列图形软件产生的,它由一些用数学方式描述的曲线组成,其基本组成单元是锚点和路径。不论放大或缩小多少倍,它的边缘都是平滑的,如图 1-20 所示,所以非常适合用于制作如标志、插图、图案等色块与线条特征明显的图形。

位图放大后　　　　　　　　　　　　矢量图放大后

图　1-20

　　但是由于它的这个特点,矢量图不适合表现色调丰富的图像,如照片、风景画等。而且绘制出来的图形不是很逼真,无法像照片一样精确地描述自然界的景观。

　　位图适合描述风光、人物图像,当图像放大后会失真较大。矢量图适合描述线条和色块,图像可以任意缩放。矢量图常用来描绘线条和色块。如图 1-21 所示。

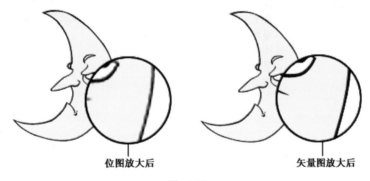

图　1-21

任务 3　设计绘制奥迪标志

奥迪车一直以舒适闻名于世,这个任务就是要利用椭圆选框工具制作这个奥迪车的标志。掌握椭圆选框工具样式的修改,理解使用样式的好处,并利用椭圆选框工具绘制奥迪标志。同时对一些知名的品牌标志进行欣赏、设计分析。

任 务 实 施

1. 新建一个 350 像素 ×130 像素的文件,分辨率为 72 像素/英寸。

2. 新建"视图"菜单下的"标尺"命令打开标尺的显示,在标尺刻度上单击鼠标右键更改标尺的单位为"像素",如图 1-22 所示。

3. 选择"视图"菜单下的"新参考线"命令,弹出如图 1-23 所示的对话框。需要执行两次这个命令以创建出水平和垂直均为 65 像素的两根参考线。

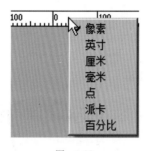 

图　1-22　　　　　　　　　　　　　　图　1-23

4. 选择椭圆选框工具,设置属性栏中的样式为固定大小的 115 像素 ×115 像素。

5. 使用椭圆选框工具,在画面中辅助线交叉的中心点处按住 Alt 键单击,得到圆形选区。

提示:在创建选区时按住 Alt 键,会以当前的落点为中心点进行选区的创建。

6. 使用快捷键 Alt + Backspace 填充前景色黑色到选择区域中。

7. 设置椭圆工具为固定大小的 85 像素 ×85 像素,再次在画面中辅助线交叉的中心点处按住 Alt 键单击,得到新的选择区域,然后填充白色,得到如图 1-24 所示的圆环效果。

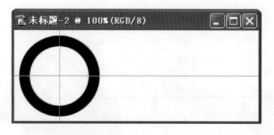

图　1-24

8. 使用魔棒工具在黑色区域中单击,选中整个黑色的区域,然后使用移动工具并按住 Alt 键将其拖动到右边进行复制,得到如图 1-25 所示的效果。

图 1-25

特别提示:使用移动工具移动图形时最好按住 Shift 键,这样可以保证以 180°、90°和 45°等角度进行移动。

9. 再从标尺中拉出一根新的参考线到两个圆形交叉点的水平位置,它可以成为下一个圆环位移量的参照。

10. 继续使用移动工具并按住 Alt 键复制出剩下的两个圆,如图 1-26 所示。

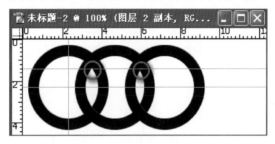

图 1-26

11. 按 Ctrl + D 键去掉选择区域,同时选择"视图"菜单中"显示"下的"参考线"命令,以隐藏参考线来预览最终的效果,如图 1-27 所示。

图 1-27

知 识 链 接

文件的相关操作

1. 在 Photoshop 中新建文件

(1)选择"文件"菜单下的"新建"命令,弹出图 1-28 所示的对话框。其中可以设置文件的基本初始化信息如文件名称、大小、分辨率和色彩模式等。

（2）按下快捷键 Ctrl + N。

（3）按 Ctrl 键，并在界面空白区域中双击鼠标左键。

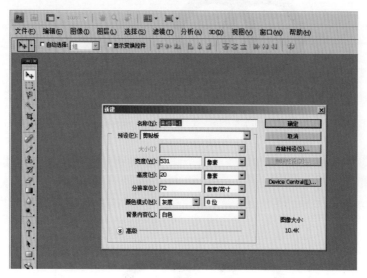

图 1-28

2. 在 Photoshop 中打开文件

（1）选择"文件"菜单下的"打开"命令，弹出图 1-29 所示的对话框。其中可以选择打开文件夹的路径，选好文件后点击"打开"即可。

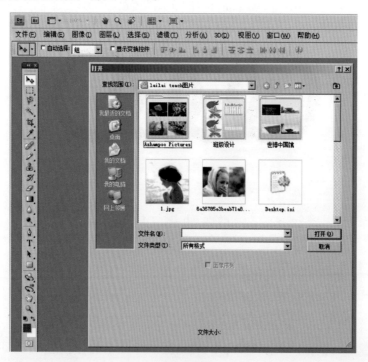

图 1-29

（2）在 Photoshop 界面的空白区域中双击鼠标左键,调出打开文件的对话框。

（3）使用文件浏览器打开文件。

相信大家都知道在 Photoshop 中如何打开文件,方法很多。选择菜单"文件"→"打开"命令,或在 Photoshop 界面的空白区域中双击鼠标左键,调出打开文件的对话框。在 Photoshop 里还提供了另一种打开文件的方法——文件浏览器。

文件浏览器可以浏览、查找和处理图像文件,可以通过文件浏览器创建新文件夹、重新命名、移动和删除文件,甚至旋转图像,也可以浏览从数码相机导入的图像的文件信息和其他数据。利用"文件浏览器"从资源管理器里面找到所需要的图片,然后在缩略图上双击将其打开或者将其拖入 Photoshop 的窗口之中打开都是可以的。

3. 历史记录面板

历史记录面板可存储 Photoshop 的操作步骤,用以随时恢复之前的操作。选择"窗口"菜单下的"历史"命令可打开"历史记录"面板,如图 1-30 所示。

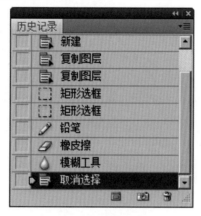

图 1-30

4. 辅助工具

辅助工具分为标尺、参考线和网格,它们只是起到辅助绘图的作用,本身并不能产生效果。在这里先介绍它们的基本用法和设置,具体的用法可以从以后的案例中去体会。

（1）标尺

选择"视图"菜单下的"标尺"命令可调出图像的标尺,用以测量图像的大小,可从标尺里拖出参考线进行辅助绘图。

（2）参考线

参考线可以从标尺里拉出来,也可以通过选择"视图"菜单下的"新参考线"命令精确地创建,将参考线拖至视图外则可以将其删除。

（3）网格

选择"视图"菜单中"显示"下的"网格"命令可以打开网格显示,用以辅助绘图。

5. 辅助工具的相关设置

选择"编辑"菜单中"预设"下的"参考线和网格"命令,可以打开如图 1-31 所示的对话框,对它们的样式和颜色等参数进行修改。另外,注意"视图"菜单中"对齐"下的"网格"等命令,可以使软件操作时将某些工具自动吸附到其上,这种用法我们在项目二的案例"国际象棋盘"中会详细介绍。

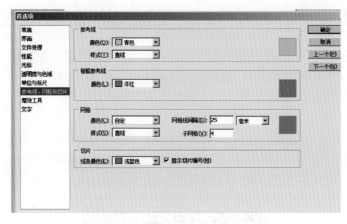

图 1-31

任务4 简单P图

将两张素材进行简单P图,使花与女孩能够有机融合,呈现唯美效果,如图1-32所示,这是P图最常见的方式。本任务使学生能够直接感受到本课程的功能和特色,使学生产生强烈的学习兴趣,对PS有直观的印象。

图 1-32

任 务 实 施

1.双击桌面,打开的素材图,如图1-33所示。

图　1-33

2. 使用选框工具(M)中的椭圆选框工具绘制一个椭圆选区,将女孩的头部区域选中,如图1-34所示。

图　1-34

3. 使用 Shift + F6 快捷键对选区设置羽化效果,参数为8。

4. 使用快捷键 V,快速切换到移动工具,将女孩头像选区拖拽到素材 1 中,如图 1-35、图1-36所示。

图　1-35

图　1-36

5. 初步效果如图 1-37 所示。

图　1-37

6. 使用快捷命令 Ctrl + T, 进行自由变换, 使女孩的头部与素材自然融合, 如图 1-38 所示。

图　1-38

7. 用橡皮擦(E), 将头像多余边缘擦除, 如图 1-39 所示。
8. 降低头像图层的透明度, 形成最后的效果, 第一次 P 图顺利完成, 如图 1-40 所示。

图　1-39

图　1-40

知 识 链 接

Photoshop 介绍

Photoshop 界面如图 1-41 所示。

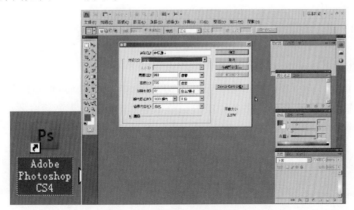

图　1-41

Photoshop 的功能

（1）图像的合成：将几张本来毫不相干的图片自然地融合到一起形成新的画面,形成生活中根本不可能出现的图像效果,这种手法在平面广告甚至影视合成中具有重要的作用,如图 1-42 所示。

图 1-42

（2）图像特效：制造图像的特殊的效果,比如将一张普通的生活照片做成照相馆常见的柔焦美女照,或者将它做成浮雕特效。

（3）专业设计：如书籍装帧、包装设计、海报设计等,如图 1-43 所示。

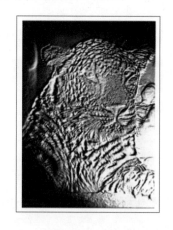

图 1-43

【项目小结】

本项目主要讲解 Photoshop 图像处理中非常重要的基本概念,包括 Photoshop 的软件特点、图像的基本概念、软件界面结构和控制方法等。初步感受了 Photoshop 的操作方式,掌握了基本的操作方法和基本的设置方法等,这些知识都是非常简单但也是非常重要的,是进入到更精彩的 Photoshop 世界的必经之路。

【项目作业】

1. 掌握 Photoshop 有关像素、位图等基本知识。

2. 练习对一幅图像进行画布大小的修改。

3.实战任务,使用不同的滤镜对各种花进行处理,如图1-44所示。

图　1-44

4.实战任务,设计制作如图1-45所示的剪影效果。

图　1-45

项目二　海报设计制作

【项目描述】

海报的设计制作是平面设计中最为常见的工作。在海报设计中,要求设计师首先要有一个明确的主题,要求内容主次分明;其次要有一个好的创意,能够具有惊人的效果,吸引受众;再次要有醒目的图形,与排版、色彩协调,整个画面需要具有魄力与均衡效果;最后要有相关的点明主题的广告语。海报一般以图片为主,文案为辅,主题字体醒目。

在本项目海报设计过程中,要用到选区和选取。这是 PS 设计中极为重要的概念,同时也是提升学生设计理念的非常重要的环节。PS 中所有的操作均针对选区展开。所以如何选择需要的选区,选用什么工具实现,对选区做什么样的操作,是这个项目的核心。而掌握选区和选取命令需要大量的设计任务引领学生完成。另外,选区中的"羽化"命令是非常重要的一个命令,是 Photoshop 自然合成图像的一大利器;而"抽出"命令是针对复杂的、琐碎的图像边缘进行选取的最佳命令。

本项目安排较多任务,可帮助同学们牢固掌握基本知识,并灵活应用到实际设计任务中。同时还需要学生感受色彩和深刻理解色彩的相关原理。通过项目的实施,熟练解决设计任务和要求。

【设计任务】

- Cosplay 海报设计制作。
- PROYA 化妆品海报设计制作。
- 佳能相机海报的设计制作。
- 步步高音乐手机海报设计制作。

【学习目标】

- 选区、羽化、抠图概念的理解。
- 规则选区工具、不规则选区工具的使用。
- 剪切蒙版及粘贴命令的使用。
- 魔棒工具及容差值参数设置。
- 色彩模式相关知识及 0 ~ 255 色值的了解。
- 反相及反选概念和命令的应用。
- 选择及反选命令的灵活应用。
- 笔刷、图案设置保存和填充。
- 渐变编辑、油漆桶填充图案。

● 标尺、参考线和网格的使用。

【考核标准】

● 海报设计形式与内容相统一。

● 主题突出,图形新颖、有创意。

● 色彩搭配合理,层次分明。

● 色彩选用恰当,能体现海报设计的背景、历史文化。

● 图层、图形变换、滤镜等工具的综合使用。

● 作品展示过程整体设计合理,环节紧凑。

● 陈述时调理清晰,层次分明,表述完整。

● 精神饱满,有激情,肢体语言恰当,团队成员之间配合密切。

任务1　Cosplay 海报设计制作

设计任务完成效果图如图 2-1 所示。

图　2-1

任 务 实 施

1.新建一个文件,在弹出的对话框中设置"宽度"为 297 毫米,"高度"为 210 毫米,"分辨率"为 300 像素,"背景颜色"为#ffc8dd。

2.打开文件,如图 2-2 所示。

3.新建图层,在图层 1 中使用多边形工具绘制三角形,将其摆在合适的位置;重复这个过程,绘制多个三角形,将其个别三角形的颜色进行变暗/变亮的调整,使其体现出立体的感觉,如图 2-3 所示。

4.新建图层 2,使用多边形工具绘制一个矩形块,执行"编辑→自由变换"命令,快捷键为 Ctrl + T 键,打开自由变换控制框,调整到合适大小并放置在"背景"图层的中间位置。

图　2-2

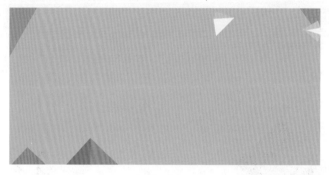

图　2-3

5. 新建图层3,在"矩形"图层中使用多边形工具绘制多个三角形,将其颜色分别进行变暗/变亮的调整,并设置"三角形"图层的混合模式为"正片叠底",得到如图 2-4 所示的效果。

图　2-4

6. 打开图片素材,使用"魔棒"选取白色背景,执行"选择→反选",快捷命令为 Shift + Ctrl + I 键,将选区执行新建图层,快捷命令为 Ctrl + J 键,使用移动工具将其拖入新建的文件中,得到"图层4",执行"编辑→自由变换"命令,快捷键为 Ctrl + T 键,打开自由变换控制框,调整其到合适大小,放置在"背景"图层右侧。

7. 选中"图层4"执行新建图层副本,得到"图层4 拷贝",快捷命令为 Ctrl + J 键,执行"编辑→自由变换"命令,快捷键为 Ctrl + T 键,打开自由变换控制框,调整其到合适大小并放置在"图层4"下方,如图 2-5 所示。

图　2-5

8. 选中"图层 4 拷贝",对选区进行颜色填充,颜色为#000000,并设置图层的透明度为20%,如图 2-6 所示。

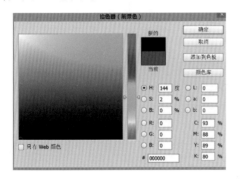

图　2-6

9. 打开图片素材,使用移动工具将其拖入新建的文件中,得到"图层 5",执行"编辑→自由变换"命令,快捷键为 Ctrl + T 键,打开自由变换控制框,调整其到合适大小并放置在"背景"图层左侧依次同上。得到如图 2-7 所示的效果。

图　2-7

10. 使用横排文字工具,设置不同的字体和字号后,输入海报的宣传文字,"动漫游戏嘉年华 COSPLAY 表演",然后对字体设置投影样式。

11. 打开广告素材,使用移动工具,将其拖入新建的文件中,得到"图层 9",执行"编辑→自由变换"命令,快捷键为 Ctrl + T 键,打开自由变换控制框,调整到合适大小并放置"图层 2"正下角。

12. 新建"图层 10",用矩形选框工具绘制颜色为#fb3bb4、#70b9f0、#ffffff 的矩形,设置透明度为 50%,调整其大小放至"图层 2"后的合适的位置。

13. 使用横排文字工具,设置不同的字体和字号后,输入海报的宣传文字,将这些文字放到适当的位置上,完成最终效果如图 2-8 所示。

图 2-8

知 识 链 接

选择与选择区域概念

在 Photoshop 中处理图像时,很多情况下只需要针对某一局部进行操作,这时就涉及 Photoshop 的一个很重要的概念——选区。在 Photoshop 中创建选区的方法是很多的,可以通过选择工具来创建,也可以通过菜单对选区进行编辑,还可以通过通道对选区进行存储。创建选区的作用有很多,除了可以限制图像的编辑范围之外,还可以对选区进行拷贝、描边、填充颜色和图案等操作。本项目主要讲解通过工具创建选区的方法以及对选区的修改等。

使用选择工具在图像上拖动会出现一个闪烁的边界,如图 2-9 所示,被形象地称为"蚂蚁线"。蚂蚁线是一个临时的浮动选区,读者可以通过选择工具在各选区外任意地方单击或者执行"选择"菜单的"取消选择"命令来移除它。

提示:移除选区的快捷键是 Ctrl + D。

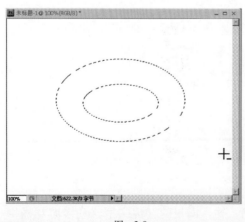

图 2-9

1. 选择规则的形状

1) 矩形和圆形选框工具及属性设置

图 2-10 中所示的 4 个工具是最常用的规则的选择工具,它们可以在图像中创建基本的矩形、椭圆形、单行、单列的选择区域。

默认情况下,选框工具从边界开始选取。如果需要从图像的中心开始选取,则应按住 Alt 键。如果想创建正方形和正圆形的选区,应按住 Shift 键。

选中矩形或椭圆选框工具,在工具选项栏里有一个样式下拉菜单,其中有 3 个选项:正常、约束长宽比和固定大小,如图 2-11 所示。约束长宽比指的是制作一个有特定长宽比的选区,选中后可以分别设置图像的宽度和长度比;固定大小制作一个特定大小的选区,选中后可以分别设置图像的宽度和长度数值,在数值输入框上单击右键会出现面板,可以选择以何种单位进行设置。

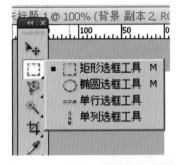

图 2-10   图 2-11

具体内容可参考本项目案例"国际象棋盘"和"奥迪标志"。

2) 单行、单列选框工具

单行、单列选框工具创建一个像素宽度的横向或纵向的选择区域,用得比较少,有时可以利用它修复破损图片。参见案例"修复破损图片",如图 2-12 所示。

图 2-12

2.选择不规则的形状

这组工具是最常用的不规则选择工具(图2-13),它们在图像中能创建富于变化的选择区域,使应用更加灵活。

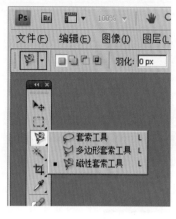

图 2-13

1)套索工具

它是一个比较随意的选择工具,可以完全根据鼠标移动的轨迹来做选择,对操作者控制鼠标的能力要求比较高,一般用得比较少。

2)多边形套索工具

它是一个精确的选择工具,使用方法是先单击一下鼠标左键,然后拖动鼠标到要到达的地方再次单击左键,如此反复,最后的一个选择点和最开始的点会合,最终得到一个闭合的选区。一般情况下可以在使用多边形套索工具时按住 Alt 键,临时切换到套索工具,再次按住 Alt 键又可切换回去,可根据情况灵活运用。

3)磁性套索工具

它是一个比较神奇的选择工具,可以自动分辨图像的边缘并进行选择,效果如图2-14所示。

图 2-14

3.根据颜色近似值进行选取

1)使用魔棒工具

魔棒工具根据颜色的近似值来创建各选区,它是针对整色块的图像进行选择的,快捷而且方便。选择它会看到相对应的工具选项栏中有一个非常重要的参数即"容差"值,容差值越大,选择相近似的颜色的范围越大,反之越小,如图2-15所示。

使用魔棒生成选区,在要选择的颜色像素上单击。默认情况下,由于魔棒是连续模式,被单击的像素以及与之相同且没有间断的颜色像素都会被选中。按住 Shift 键单击具有相同颜色的区域,则在已有的基于颜色的选区之上添加新的区域。也可以事先选择工具选项栏中的"添加到选区"选项,再使用魔棒单击,如图2-16所示。

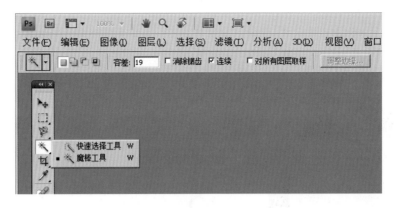

图　2-15

图　2-16

取消勾选选项栏中默认的"连续"选项,就可以使用魔棒选定同种颜色的所有像素,而不考虑它们是否连续。

在一次选取过程中,要指定魔棒包含的颜色范围,则可以在选项栏中设置容差值,范围是0～255。容差值越低,则选取颜色的范围越小。魔棒的容差设置还对其他一些菜单命令,的颜色范围有控制作用,如选择菜单下的"扩大选取"和"选取相似"命令,详见后面的"对各选区的修改"部分。

要控制各选区的颜色是基于单个图层的颜色,还是所有可视图层的合并颜色,只需决定是否勾选选项栏中的"用于所有图层"项即可。

2)使用魔术橡皮擦工具

当你使用魔术橡皮擦工具时,如图2-17所示,选取的结果不只是单纯地选择一部分单色区域,而且同时将选取的颜色擦除成透明的图像。

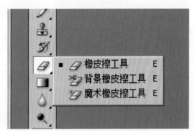

图　2-17

要用魔术橡皮擦生成一个选区,可在希望变成透明的颜色系上单击该工具。默认情况下,魔术橡皮擦工具同魔棒工具一样,也处于连续模式下,并且透明区域的边界是消除锯齿的。

要使用透明色代替每次选择单击的颜色,必须在单击想要清理的颜色之前,取消勾选"连续的"选项。

图 2-18

要指定魔术橡皮擦工具擦除颜色的范围,应该设置它的容差值。

要控制擦除图像的透明程度,应使用"不透明度"滑块。设置的不透明度越高,擦除效果越强,且擦除区域的透明度越高,如图 2-18 所示。

3)创建复杂的选择区域

Photoshop 的选区有一个基本的且非常重要的属性,就是可以进行选区的加、减、交叉的运算,基本的方法是先得到一个基本的选区,然后在创建选区的时候,可以单击工具属性栏中对应的运算方式,分别为添加、减去和交叉,如图 2-19 所示。

图 2-19

有时候为了操作方便也可以通过快捷键来实现,即按住 Alt 键为减,按住 Shift 键为加,同时按住 Alt 和 Shift 键为交叉。这使得在创建复杂选区的时候有了更多的方法。

4)选区的羽化

默认情况下,我们在 Photoshop 里生成的选区的边缘是生硬的,有绝对的界限,这样有时候不利于图像的自然合成,所以 Photoshop 为大家提供了一种将选区边缘变得柔和的方法——羽化。羽化的方法有两种:一是事先在工具选项栏上设置好羽化值;二是先不羽化,等创建完选区以后再选择"选择"菜单下的"羽化"命令,在弹出的对话框中设置羽化值。羽化值的大小(图 2-20)应根据实际情况判断,一般初学者要多试几次以便熟悉。

图 2-20

4. 选择命令的应用

1)色彩范围命令

除了利用工具来选择单色区域,或是选择一部分单色区域之外,也可以通过"选择"菜单下的"色彩范围"命令来选择。在一些情况下,它提供了比魔棒工具更多的选取控制,并且更清晰地显示了各选区的范围。

在"色彩范围"对话框的小预览窗口中,给出了选区的灰度图像。白色区域代表选中,灰色区域代表部分选中,随着颜色的不断加深,被选的程度越来越低,黑色则表示该区域完全不被选中。由于有多个灰度等级,因此与使用魔棒工具时出现"蚂蚁线"相比,图2-21提供了更多的信息。

图 2-21

"颜色容差"选项类似于魔棒工具的容差设置。但是它更加易于操作,因为所有的范围选择表现为滑块的拖动,并且预览窗口迅速显示了变化的效果。如果保持"颜色容差"在16~32之间,通常不会在最终选区中出现毛边。

"选择范围"可以进行扩展或缩减,单击对话框右面带加号的吸管或带减号的吸管,以添加新颜色或减去某种颜色。

还可以根据某一种色系来直接选取,从"选择"下拉列表的颜色块中选取某一种颜色,注意色系是预先定义的,因此不能通过调整Fuzziness或使用吸管来扩展或收缩范围。

还可以根据色调的区别来选择,从"选择"下拉列表的颜色块中分别选择高光、中间调或暗调。同样,这里也不能对选择的颜色范围进行修改。

"反相"复选框指将选区进行反转,如图2-22所示。

2)修改选区

当第1次创建的选择区域需要再次修改的时候,我们可以执行"选择"菜单中"修改"命令下的"扩展""收缩""平滑""扩边"这4个命令进行相应的修改。

3)扩大选区和选取相似

这两个命令是基于已有的选择区域进行扩大选择范围的。和魔棒工具一样,它们是根据颜色的近似程度来增加选择范围的,而且范围的大小和容差有直接的关系。

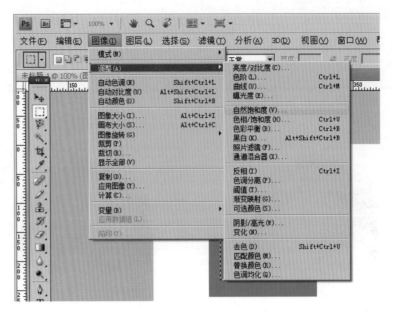

图　2-22

4）提取复杂物体的边缘

有时候要选取的图像的边缘非常复杂,如头发丝或动物的毛发等,边缘的细节很多,用前面的方法都很难自然地选择出来,这时候"滤镜"菜单下的"抽出"命令就是最佳的解决方案,如图 2-23 所示。

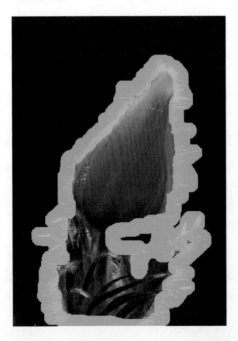

图　2-23

任务 2 PROYA 化妆品宣传海报设计

化妆品产品海报制作非常讲究,需要处理的问题主要有三个:首先是产品图片修图,主要是增加质感和光感,把产品处理漂亮;其次是海报部分的创意,根据自己的设计思路加入合适的背景及装饰等,增强整体效果;同时还要注意海报的整体色调的把握,体现产品的行业特色和满足大部分目标用户的喜好。本次任务主要实现基本抠图和对选区的处理、变换,同时引入对常见的模糊滤镜的认识,文字的简单设计,要注意海报内容的完整性的设计要求。设计任务完成效果图如图 2-24 所示。

图   2-24

任 务 实 施

1.产品修图。修图并不高深,只需要我们对摄影光影把握好,产品自然生动,有细节和质感。首先我们需要对光影进行加强对比和明暗的过渡,如图 2-25 所示。

图   2-25

2.原图比较灰,图灰的意思就是暗的不够暗,亮的不够亮,对比不够明显。去色之后,就更容易观察图明暗效果了。可在图层上方建一个观察组,用渐变映射去色,如图 2-26 所示。

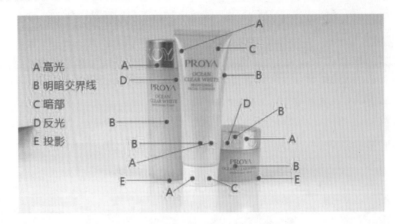

图　2-26

3. 单独抠出化妆瓶盖部分,新建一个图层,渐变设置如图 2-27 所示。

图　2-27

4. 图 2-28①是黑白渐变效果;②是对渐变效果进行水平动感模糊;③是使瓶身具有渐变效果并进行动感模糊,透明度设置为 65%;④是对两个渐变混合模式选择"柔光";⑤是新建一层填充 50% 灰色的图层,用白色画笔,透明度设置成 20% 加强高光,用黑色画笔加强明暗交界线;⑥是化妆瓶完成图。

图　2-28

5. 用上面的方法,把化妆品每个层单独抠出来,用黑白渐变,结合加深减淡工具处理细节。

像小瓶的化妆品盖子和瓶身中间的高光,用钢笔工具单独绘制出来。执行"钢笔描边"→"压力"→"确定"。模式选择"柔光",并加一点模糊效果,看起来更自然一些。倒影在原图里单独抠出,放在底层,执行正片叠底,如图2-29所示。

图 2-29

6. 打开背景素材,用选区工具把文字选取出来,然后用自己喜欢的方法去水印,并调整图片大小及位置,如图2-30所示。

图 2-30

7. 把产品图片拖进来,并用色相饱和度工具,单独对背景图层调色,调成和化妆品同一个色系,色相参数为–31,如图2-31所示。

图 2-31

8.在产品后面添加一束背景灯光,把产品和背景分离出来,突出产品。新建黑色图层,模式选择"滤色",然后选择菜单:"滤镜"→"渲染"→"镜头光晕"。对光进行高斯模糊,这样光比较柔和自然,如图 2-32 所示。光不够强就多复制几层,建议 3 次。

图 2-32

9.把素材中的花抠出来,放在产品和光的后面,处理好细节,调整大小位置如图 2-33、图 2-34。

图 2-33

图 2-34

10.在产品前增加一朵花,增加层次感,有前有后;再加点高光,添加文案;最后进行锐化,如图 2-35 所示。

图 2-35

知 识 链 接

绘图工具

Photoshop 中绘图工具(图 2-36)的功能非常强大,分为画笔、铅笔、橡皮擦和历史记录画笔等,大家在学习的时候一定要注意它们属性的设置。另外还有两个填色工具——颜料桶和渐变工具能够创造出非常漂亮的效果。

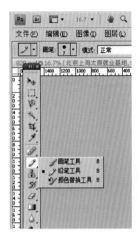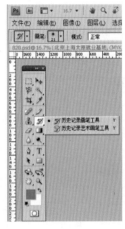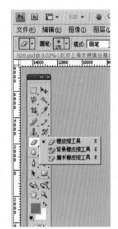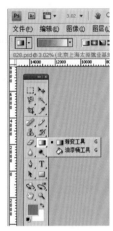

图 2-36

1. 画笔的基本用法

画笔是绘图工具中功能最强大的一个工具,通过基本设置,可以修改画笔直径的大小和透明度。如果使用高级设置,可以选择“窗口”菜单下的“画笔”命令,打开画笔面板,可以设置它的角度、圆度和间隔距离等,用以产生不同样式的画笔类型。

我们还可以在画笔面板里设置更加高级的选项,如动态画笔、纹理、杂色等。图 2-37 给出了其中几种设定的效果,希望大家能够举一反三尝试其他效果。

2. 铅笔的基本用法

铅笔工具可绘制硬边的线条,绘制的颜色为前景色。在铅笔工具的工具属性栏的弹出面板中可看到硬边的画笔。

3. 橡皮工具的使用

1) 橡皮擦工具

橡皮擦工具起到擦除颜色的作用,但是有两种情况比较特殊,一是当它使用在背景层的时

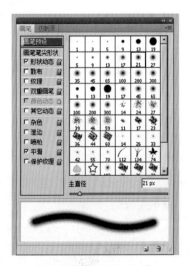

图 2-37

候功能就变成了画笔;二是当选中了属性栏中的"抹到历史记录"的时候它的用法变得和历史记录画笔一样。

2）背景色橡皮擦工具

背景色橡皮擦工具起到将像素擦除成透明的效果。

3）魔术橡皮擦工具

魔术橡皮擦工具可根据颜色的近似值来确定擦除透明的范围,与魔棒工具类似,它也有容差值的设定。

4.历史记录画笔

历史记录画笔可对图像进行局部的效果恢复,在使用的时候需要结合历史记录面板。如图 2-38 所示的"局部恢复花的效果"。

图 2-38

5.颜料桶

颜料桶工具可根据颜色的近似程度来填充颜色,也有容差值的设定,可填充前景色和图案。

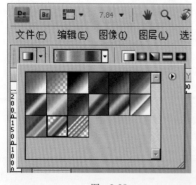

图 2-39

6.渐变工具

渐变工具用来填充渐变的颜色,选中后观察其工具属性可发现它有 5 种渐变方式,分别为线性渐变、放射渐变、角度渐变、对称渐变和棱形渐变,如图 2-39 所示。

单击渐变编辑器,用以设定自定义的渐变色。

设置渐变方式为"角度渐变",并选择"彩虹"渐变条,如图 2-40 所示。

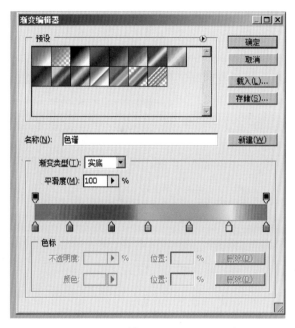

图　2-40

7. 绘图工具的色彩模式的应用

选择画笔工具时可看到在属性栏中有很多色彩模式可供选择,默认情况下是"正常"模式,如图 2-41 所示。

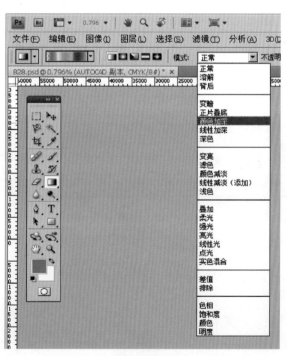

图　2-41

笔刷的色彩混合模式用来控制使用笔刷描绘或修复图像时所产生的效果,每种模式都有自己特定的作用和目的。在不同的模式下,笔刷在图像上描绘时所画的颜色都会与原有图像中的颜色及图像中的可见层产生不同的合成效果,所以笔刷混合模式又称效果模式、着色模式或笔刷模式。利用改变色彩模式我们会得到很多特殊的颜色效果,如图2-42所示。

图 2-42

色彩混合的模式除了能结合画布来使用,也可以结合到图层中使用,具体的每一种色彩模式的概念我们会在图层的高级应用中讲解到。

8.图案的定制和应用

可以将图像中的某些部分作为一个图案定义下来,然后就可以结合颜料桶以及填充命令来使用。

1)定制图案

要定义图案,首先要使用矩形选框工具在图像中拉出图案的选区范围,然后选择"编辑"菜单下的"定义图案"命令即可,如图2-43所示。

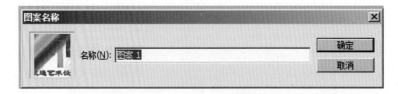

图 2-43

2)填充图案

定义好图案后可以使用颜料桶工具或选择"编辑"菜单下的"填充"命令进行填充,如图2-44所示。关于图案的具体用法请参考本项目案例"百叶窗效果"。

3)图案和绘图工具的结合使用

也可以将图像中的某些部分作为一个画笔定义下来,具体方法是首先使用矩形选框工具在图像中拉出图案的选区范围,然后选择"编辑"菜单下的"定义画笔"命令即可。

图 2-44

4）快速生成随机的图案

选择"滤镜"菜单下的"图案创建"命令，可快速创建出一副图案画的效果，现通过以下案例来学习它。

（1）打开一张小鸭子的图片。

（2）选择"滤镜"菜单下的"图案创建"命令，使用矩形工具选择。

（3）点击面板中的 Generate Again 按钮即可生成随机的图案效果，而且可以单击 Generate Again 按钮以生成随机变化的多种效果。

（4）点击面板右下方的按钮可将当前的图案单元进行存储。

任务3 佳能相机海报的制作

本次任务是对一款学生比较感兴趣的电子影像设备——佳能单反相机进行产品海报设计。由于产品的品牌知名度比较高，所以在选材时要考虑到素材、色彩、文字等组成部分的搭配。任务实施过程中涉及几个不规则选取工具的灵活组合使用，同时，对选区内的对象进行相应的组合变换如水平反转、旋转、缩放等，要求学生灵活运用。

设计任务完成效果图如图 2-45 所示。

图 2-45

任务实施

1.新建一个 300 毫米×300 毫米,分辨率为 300ppi 的文件并填充底色为黑色,如图 2-46 所示。

图 2-46

2.打开一张所需图像并新建一个图层副本,如图 2-47 所示。

图 2-47

3.利用多边形套索工具(快捷键 L)抠取鹰,如图 2-48 所示。

图 2-48

4. 使用 Shift + F6 进行羽化，羽化单位为 5 个像素，如图 2-49 所示。

图　2-49

5. 使用 Ctrl + J 进行图层复制，如图 2-50 所示。

图　2-50

6. 在编辑菜单下，执行"变换→水平翻转"命令，如图 2-51 所示。

图　2-51

7. 切换到移动工具。

8. 拖拽至新建文件中,如图 2-52 所示。

图 2-52

9. 进行图像的调整,选择"图像"菜单"调整→曲线"(输入值为 232,输出值为 196)或使用 Ctrl + M 键进行图像颜色的调整,如图 2-53 所示。

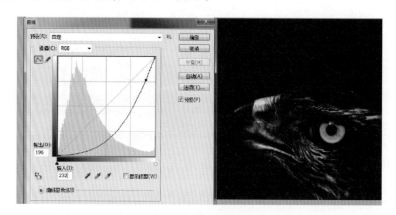

图 2-53

10. 打开一张相机原图并新建一个图层副本,如图 2-54 所示。

图 2-54

11. 利用魔棒工具(快捷键 W)选中图像,并用 Ctrl + Shift + I 键进行反选,Ctrl + J 键复制,如图 2-55 所示。

图　2-55

12. 切换到移动工具,将抠取的相机拖拽至新文件中,如图 2-56 所示,使用 Ctrl + T 键进行相机调整,如图 2-57 所示。

图　2-56

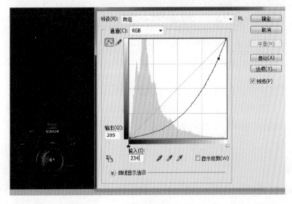

图　2-57

13.利用"图像"菜单→"调整"→"曲线"(输入值为 234,输出值为 205)进行图像颜色的调整,如图 2-58 所示。

图 2-58

14.进行相机的复制,选择"编辑"菜单"变换"→"垂直翻转",移动至合适位置并设置不透明度为 27,如图 2-59 所示。

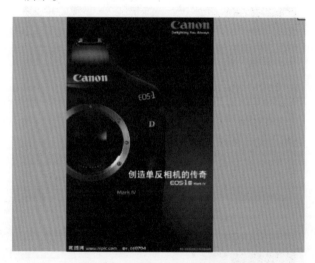

图 2-59

15.打开一张有佳能标志的图像并复制一个副本。

16.使用选框工具(快捷键 M)选中佳能标志,点击 Shift + F6 进行羽化,羽化单位为 3 个像素,使用 Ctrl + J 键进行复制,如图 2-60 所示。

17.按 V 键切换到移动工具并拖拽至新文件中,使用 Ctrl + T 键进行图像变换调整,如图 2-61所示。

18.输入"随时·捕捉你的美丽",字体为"微软雅黑",字号"40",颜色为"浅灰色",如图 2-62所示。

图 2-60

图 2-61

图 2-62

19.输入"更美的呈现源自更专业的品质",字体为"华康宋体",字号"20",颜色为"浅灰色"并加入佳能标志即完成一副完整的海报,如图 2-63 所示。

图 2-63

知 识 链 接

图层的相关知识

1.图层的概念

所谓图层,"图"指的是图像,"层"指的是层次、分层。图层是 Photoshop 图像处理中非常重要的概念,在 Photoshop 中处理的图像一般来说是类似三明治的分有几个层次的图像,每个图层之间相互独立又相互关联,这种特性在图像编辑过程中千变万化。可以说 Photoshop 对图像处理的功能十分强大,在很大程度上依赖于图层。所以我们在 Photoshop 中,要"带着图层的眼光"去观察图像。如图 2-64 所示。

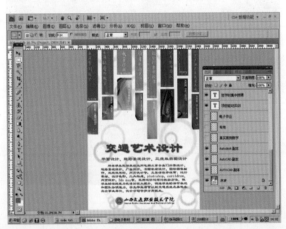

图 2-64

要想充分运用好图层,首先就必须熟悉图层控制面板。图层控制面板的各个组成部分,如图 2-65 所示。

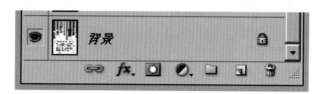

图 2-65

(1)图层色彩混合模式:利用它可以制作出不同的图像合成效果。

(2)图层眼睛:控制图层的可见性。

(3)图层缩览图:用来显示每个图层上图像的预览。

(4)图层效果:为图层添加许多特效的命令,是 Photoshop 图层的强大功能。

(5)添加图层蒙版可以更加方便地合成图像,是图层应用的高级内容。

(6)图层组:通常我们的文件会有很多个图层,将图层分组可便于我们的管理。

(7)添加调节层或填充层:这也是图层的高级应用部分,是与 Photoshop 的色彩调整命令相结合的功能,我们在项目 8 的色彩调整部分会详细讲解。

(8)新建图层:新建一个普通的图层。

(9)删除图层:删除图层或图层组。

(10)图层透明度:设定图层的透明程度。

(11)图层面板弹出菜单。

2. 图层的类型

1)背景层

背景层是 Photoshop 新建文件时的默认图层,是基础的底层。其主要特点是默认条件下是被锁定的。背景层不具备很多普通图层所拥有的功能,如改变透明度、改变图层色彩混合模式、设置图层样式等。

2)普通层

通过单击图层下的按钮新建"图层 1",默认的普通图层是透明的,可以看到"图层 1"的缩览图以灰白相间的方格表示透明。

也可以将背景层转换成能随意编辑变换的普通层。在背景图层双击鼠标,会弹出"新图层"对话框,单击"确定"按钮,我们发现背景层名称就成了普通层——"图层 0",这时候就可以对"图层 0"进行更多的功能应用。

3)文本层

文本层是指在 Photoshop 中通过文本工具在图像上单击生成的图层,可以看到"图层 2"缩览图带有 T 图标,如图 2-66 所示,表示当前图层是文本层。文本层的特点是有自身的文本属性,即可以对字体、字号、字的方向等属性进行编辑。

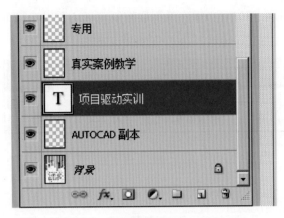

图 2-66

3.图层的基本操作

1）图层的建立

用鼠标单击图层调板底部的新建图标,在图层面板中就会出现新的普通图层。

2）图层的复制

复制图层可以通过将图层拖放到新建按钮实现,也可以通过两张图像间的拖拽直接实现。

3）图层的删除

将图层拖拽到图层调板底部的垃圾桶图标上,可以删除图层。

4）图层的顺序

在图层面板上直接拖拽图层的位置来改变顺序。

5）图层的链接

选中两个以上图层,点击链接图标可以实现图层的链接。链接的图层可以进行同时变形、移动等,还可以进行合并。

6）图层合并

有的时候图层需要进行合并以便于操作。图层的合并可通过眼睛、链接、图层组等方式进行。

7）图层透明度的设定

每一个图层都有自己独立的很多属性,透明度就是一个非常重要的参数。可以从图层面板上直接设定,如图 2-67 所示。

图 2-67

任务4　步步高音乐手机海报设计制作

这是一款学生比较喜欢的电子类产品的海报广告设计。该任务主要涉及几个常见抠图工具的组合运用,对海报的背景设计在本次任务中显得尤为重要,色调的把握也在很大程度上影响海报的最终效果。本次任务中引入了图层不透明度的概念和使用方法,要求学生掌握并灵活运用。

设计任务完成效果图如图2-68所示。

图　2-68

任 务 实 施

1.选取一张手机海报作素材,如图2-69所示。

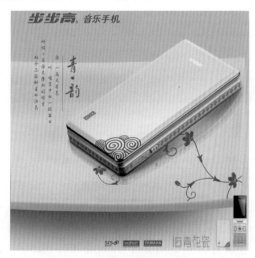

图　2-69

2. 使用多边形套索工具将手机抠出，使用 Ctrl + J 键复制至新的空白图层，如图 2-70 所示。

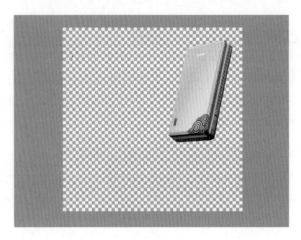

图　2-70

3. 根据机身上的蓝色主题色选取背景素材，如图 2-71 所示。

图　2-71

4. 将抠出的手机拖移至背景素材上，进行微调，如图 2-72 所示。

5. 配合背景素材做一个手机的倒影，选中手机所在图层，按 Alt 键复制一个对象，将复制的对象进行垂直翻转，降低透明度处理，如图 2-73、图 2-74 所示。

6. 添加广告词，将文字颜色设置为用取色器选取的背景的蓝色，如图 2-75 所示。

7. 添加手机品牌字样"VIVO 步步高音乐手机"，设计完成，如图 2-76 所示。

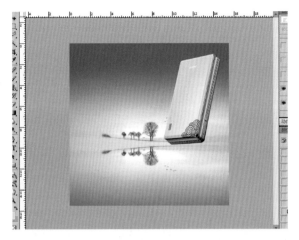

图　2-72

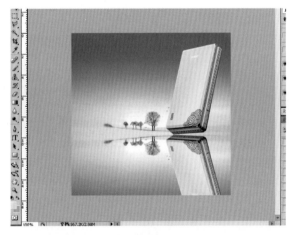

图　2-73

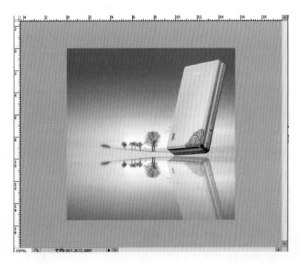

图　2-74

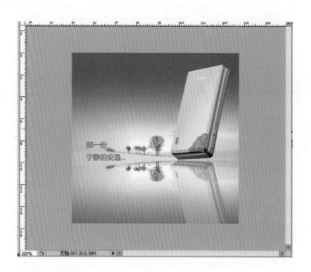

图 2-75

图 2-76

【项目小结】

选择是 Photoshop 中非常重要的一个概念,它在软件的使用中是随处可见的,比如后面要讲到的各选区和通道的关系等,我们将随着课程的进度进行逐步讲解。同时需要大家掌握如何利用各种类型的选择工具创建选择区域以及通过选区的运算来创建复杂的选择区域等知识。

图层及针对选区命令中的"羽化"命令是 Photoshop 学习的核心概念,图层的基本概念和基本功能操作方法,需要大家掌握。

掌握 Photoshop 的绘图工具和填充技术,以及如何定义和运用图案效果等。其中绘图工具部分我们重点掌握画笔工具的使用,因为画笔工具产生的效果非常丰富。渐变的效果也是非常重要的。图案的定义是非常简单的,而将它运用到图像效果中的方法是灵活多变的,可以利用颜料桶填充,也可以利用菜单命令填充,甚至直接使用填充图层来实现。

【项目作业】

1.练习通过羽化合成几张图片。

2.参考本项目案例"剪影效果的制作",练习将一幅图像生成剪影效果。

3.项目实战练习,校园书画展海报(图2-77)设计。

图　2-77

项目三　书籍封面设计

【项目描述】

封面是书的外貌,它既体现书的内容、性质,同时又给读者以美的享受,并且还起了保护书籍的作用。封面设计包括书名、编著者名、出版社名等文字和装饰形象、色彩及构图。如何使封面体现书的内容、性质、体裁,如何使封面能起到感应人的心理、启迪人的思维的作用,是封面设计中最重要的一环。封面设计要符合阅读者的年龄、文化层次等特征。封面设计的色彩是由书的内容与阅读对象的年龄、文化层次等所决定的。项目设计着重从封面、封底和书脊三个方面进行,而且从外入内,给人以美的感受。

文字是图形设计的一大重点。本项目主要讲解文字在 Photoshop 中的基本用法。文字的使用在各种图形图像软件中用法都非常相似,所以我们只要掌握好了某一个软件的这部分知识,也就基本掌握了其他软件中文字的用法。

【设计任务】

- •《我的大学生活》书籍封面设计。
- •《青春日记》封面设计。
- • 书籍立体效果图制作。

【学习目标】

- • 字体的初级处理。
- • 设计特效字体。
- • 阈值命令的应用。
- • 文本框参数设定及文字的配色。
- • 字库的添加及合适字体的选择。
- • 使用文字蒙版获得选区。
- • 图层的编组、合并、链接处理。
- • 绘图工具组的使用和参数设置。

【考核标准】

- • 书籍封面大小的设置满足设计要求。
- • 封面设计色彩、色调的选择与书籍的内容一致。
- • 封面文字内容要求与客户提供资料完全一致。
- • 设计感强,吸引读者眼球。

任务1 《我的大学生活》书籍封面设计

本次任务是学生自己作为作者,为自己的大学生活设计一本书的封面和封底。书籍封面封底的设计首先要注意的是选择合适的开本大小,以及必要时预留出血位。在设计过程中要注意所设计书籍的主要读者群和行业背景特色,从而选定合适的色系和色调,以及字体和内容,封面和封底应形成适当的呼应。

设计任务完成效果图如图3-1所示。

图 3-1

任 务 实 施

1. 新建一个文件,在弹出的对话框中设置"宽度"为204mm,"高度"为140mm。"分辨率"为300ppi,颜色模式为RGB,如图3-2所示。

图 3-2

2. 新建一个图层,绘制两个相同大小的矩形,宽度为 95mm,高度为 140mm,填充成白色。

3. 新建一个图层,绘制一个竖向矩形,宽度为 14mm,高度为 140mm,填充成淡绿色,色值如图 3-3 所示,书籍封面、封底、书脊背景效果如图 3-3 所示。

图 3-3

4. 打开原始素材图一,如图 3-4 所示。

图 3-4

5. 新建一个图层,将素材拖到新图层中,并使用裁剪工具,将图片广告信息清除。

6. 使用橡皮擦工具 E,调整橡皮擦笔刷直径大小和硬度参数,擦出图 3-5 效果,并将素材摆放至封面中上部的位置。

图 3-5

7. 新建图层,同样将素材图复制到新图层中,使用橡皮擦擦除眼镜以外的其余部分,调整橡皮擦大小及其硬度,只剩眼镜部分,使素材与背景充分融合为一体,并调整大小,摆放至封底居中处,用作封底背景,如图3-6所示。

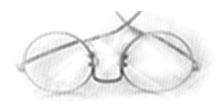

图　3-6

8. 打开图片素材图二,如图3-7所示。

图　3-7

9. 新建图层,将素材图片拖至新图层中,使用 Ctrl + T 键调整图像大小,并将图片水平翻转,使人物翻转至左面。使用橡皮擦工具,调整橡皮擦笔刷至适当大小及相应的硬度,将图片天空擦除,只剩下人物,调整图片透明度至70%,效果如图3-8所示。

图　3-8

10. 将调整好的图片摆放至封底左下角。

11. 所有素材摆放效果图如图 3-9 所示。

图 3-9

12. 下面制作书籍封面的标题。新建一个图层,在封面上素材左下方绘制一个矩形,填充黑色。

13. 新建图层,绘制一个大小适当的正方形,填充色值为 RGB 248.1.1,使用 Ctrl + T 键,并按下 Ctrl 键,拖动正方形的左上角向下移动,下一步,按住 Ctrl 键鼠标拖动正方形右上角向左拖动,并向下移动,摆放至黑色矩形末端,适当调整位置。

14. 新建一个图层,绘制一个矩形条,长度与矩形相同,填充色值为 RGB 248.1.1,摆放至黑色矩形的正下方。

15. 新建一个图层,绘制 4 个正圆形,同大小水平摆放,填充色为白色,效果如图 3-10 所示。

16. 新建图层,在黑色矩形上,输入文字"我的大学生活",字号大小分别为 18 磅和 24 磅。填充色为白色,字体为叶根友毛笔行书。

17. 新建图层,在矩形条下,输入英文"my college life",字号大小为 10 磅,黑色加粗显示,选用 DokChampa 字体。

18. 新建图层,在白色圆中输入文字"王小丫　著",字号大小为 10 磅,字体为叶根友毛笔行书,加粗。

19. 新建图层,在封面素材上方输入文字"致我们即将逝去的青春",字号大小为 10 磅,字体选择微软雅黑,加粗,填充为灰色。

20. 在封面正下方居中输入文字"山西交通出版社",字号大小为 8 磅,字体选择新宋体,填充为黑色。

21. 封面效果图如图3-11所示。

图　3-10　　　　　　　　　　　　图　3-11

22. 接下来绘制书脊。新建图层,输入文字"我的大学生活",字号大小为8磅,黑色,加粗,字体为叶根友毛笔行书。文本方向为竖向,放置于书脊正中上方位置。

23. 新建图层,绘制一个正圆放置在书脊文字下方,填充为白色,并输入文字"上",放置在圆上方,加粗,文字填充为RGB 248.1.1。

24. 在书脊正中下方输入文字"山西交通出版社",字号大小为7磅,字体为叶根友毛笔行书,文本方向为竖向。

25. 书脊效果图如图3-12所示。

26. 下面绘制封底文字部分。新建图层,输入文字"再见,青春"。"再见,"填充为深灰色,"青春"填充为红色,字号大小为14磅,字体为新宋体,摆放至眼镜正下方,居中对齐,如图3-13所示。

27. 新建一个图层,绘制条形码,并输入条形码数字,字号大小为10磅,黑色,摆放至封底右下角。

28. 新建一个图层,输入文本"定价:88.00元",字号大小为10磅,新宋体,黑色,放置在条形码下方。

29. 在封底左上角,用多边形套索工具,绘制一个三角形,填充RGB 248.1.1,与封面的红色形成呼应,如图3-13所示。

图　3-12

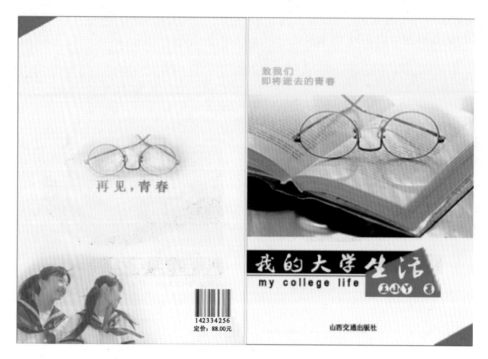

图 3-13

30. 用同样的方法在封面右下方绘制同样大小颜色的三角形。

31. 书籍的设计效果完成图如图3-14 所示。

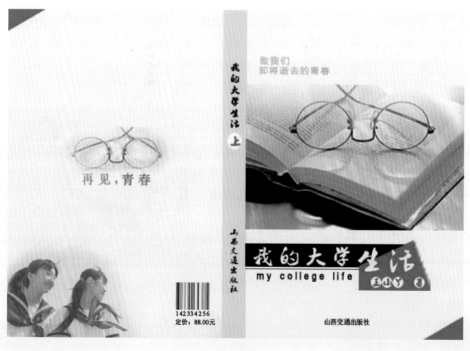

图 3-14

知识链接 1

图层的相关知识

1. 图层组的概念和应用

Photoshop 里的图像有时候会有非常多的图层组,这样的话要找某个图层很不方便,读者可以根据每个图层的功能进行分类,如文字层统一为一组,图像层统一为一组等,所以图层组其实就是一种"管理"的功能。通过图层组可以方便地查看和寻找图层的位置,图层组还可以进行折叠或打开,在图层组的旁边有一个小三角形,单击这个小三角形,就可以展开这个图层组,再次单击小三角,就可以恢复到展开前的状态。

1)创建图层组

将需要放到一个组里面的图层链接起来,选择"图层"菜单命令中"新建"下的"新建图层组"命令,会弹出对话框,单击"确定"后会发现所有的链接图层进入到一个新的图层组中。或者,单击图层面板下方的按钮,在图层中新建一个空的图层组,然后将单独的图层拖入到其中即可。具体可参考本项目案例"图层组的运用"。如图 3-15 所示。

图　3-15

2)合并图层组

图层组除了有将图层进行归类管理的功能外,还可以通过图层组进行图层合并。选择某个图层组,在图层面板右上方的小三角里的下拉菜单中会出现"合并图层组"命令。

3)删除图层组

如果想删除某个图层组,可以将其拖入垃圾桶的图标内,但那样该图层组和组里的所有图层都会被删掉。如果只想删除组而不删除组里的图层,则选择某个图层组,然后单击垃圾桶图标,会弹出对话框,选择"仅限组"可单独删除图层组。

2. 图层的编组效果

图层编组通常在两个图层中产生,编组的图层中下面的那个图层成为上面图层的蒙版,具体内容可参考本项目案例"文字遮盖图像效果"。

3. 图层的锁定

Photoshop 的图层面板有锁定的功能,锁定主要是针对已经编辑好的图层不想有意外改动的时候使用。锁定形式分为以下 4 种。

1)透明像素锁定

选中该选项相当于对当前图层的透明区域进行保护,即只能在非透明区域进行操作。

2）图像素锁定

选中该选项相当于对当前图层的所有区域进行保护，当选择画笔工具试图涂抹的时候会出现一个禁止的图标，表示不允许涂色。

3）位置锁定

选中该选项相当于不能使用移动工具对当前图层进行移动。

图 3-16

4）全部锁定

选中该选项即将以上 3 项全部锁定。

4. 图层的链接

同时选中几个图层，单击图层面板中的第一个链接图标，会将几个图层链接，如图 3-16 所示。图层链接主要实现 5 种功能。

- 当对链接的图层中任意一个图层执行变形命令的时候会使所有链接的图层同时进行变换。
- 链接图层能一起移动。
- 链接图层能够进行对齐和平均分布，如图 3-17 所示。

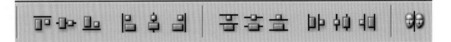

图 3-17

- 可通过链接图层生成图层组。
- 链接图层可进行合并。

5. 图层的合并

有时候为了操作方便，我们需要合并一些图层。合并图层的方法很多，可通过以下几种方法来实现，如图 3-18 所示。

图 3-18

- 合并可见图层。只将需要合并图层的眼睛图标打开，关闭其他图层的眼睛图标即可。
- 合并链接图层。将需要合并的图层进行链接即可。
- 向下合并。指向下合并一层，快捷键为 Ctrl + E。
- 合并图层组。可通过图层组进行合并，选择某个图层组，在图层组面板右上方的小三角里的下拉菜单中会出现"合并图层组"的命令。
- 拼合图层。单击图层面板右上方的小三角，其下拉菜单中会出现"拼合图层"的命令，它是将所有的图层进行合并，如果有不可见的图层则进行删除。

知识链接2

文字的基本概念和功能

1. 点文字和段落文字

在工具箱中选择文字输入工具,在图像上单击会出现闪动的插入光标,此时就可以输入文字了(图3-19)。我们在输入文字之前需要明确一件事:要区别你的文字是少量的标题性文字还是大量的正文类的文本,这决定了文字在软件中的输入状态是"点文字"还是"段落文字"。

图　3-19

点文字是不会自动换行的,可通过回车键使之进入下一行。而段落文字的周围有一个文字段落框,它界定了文字的输入范围,所以段落文字具备自动换行的功能,如图3-20所示。

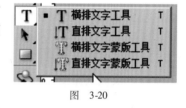

图　3-20

2. 创建文本选区

文字工具中有一个文字蒙版工具,可基于文字内容创建选择区域,我们可以利用它做出彩色的文字效果。

3. 文字的输入方向

上面的两种文字工具都有横向和纵向输入之分。

4. 将文字图层转换为普通层

使用文字工具创建文字的时候会自动在图层里生成新的文字图层,图层的缩览图上有标记,说明此图层为文字状态,只能进行文字状态下的操作,如改变字体、字号等,如图3-21所示。如果想对它进行图像的操作则必须先将它转换为普通的有透明区域的图层。转换方法是

图　3-21

选择"图层"菜单中"像素化"下的"文字"命令,或者用右键直接调用"像素化文字"命令。此时会发现图层面板里的图层缩览图被转换成有透明区域的普通图层。

5. 文字的弯曲变形

选择文字图层后单击工具栏中的图标,可对文字进行多种类型的变形,图3-22所示为对文字执行扇形

变形后的效果,注意调整图中的参数可产生不同的效果,也可以使用其他的变形类型大胆尝试不同的变形效果。

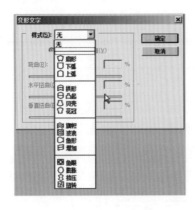 

图　3-22

任务2 《青春日记》封面设计

本次任务选择同学们比较感兴趣的主题——《青春日记》作为封面设计的内容,作者为学生本人。设计中需要注意参考线的设置和使用,并建议加入大量青春的元素,这时就要综合运用抠图工具和羽化工具,并注意各部分元素间的平衡。青春的主题和色调、文字也要把握。

设计任务完成效果如图3-23所示。

 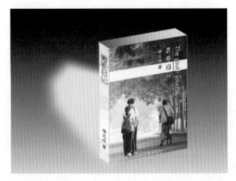

图　3-23

任务实施

1. 新建一个横向 A4 纸大小的空白文档,分辨率为 300ppi,按 Ctrl + R 键显示并拉出参考线以确定书脊,如图3-24所示。

2. 插入一张素材并分割,如图3-25所示。

图　3-24

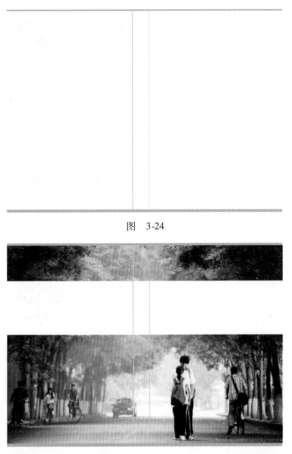

图　3-25

3. 使用 Ctrl + T 键进行分割图像的调整,确保白条的宽度与书脊相同,并降低不透明度为 74%,如图 3-26 所示。

图　3-26

4. 使用 M 选框工具画出与书脊相同大小的矩形,填充为白色并降低不透明度为 80%,如图 3-27所示。

图 3-27

5.输入英文字母,字体为微软雅黑,字号为 30 点,颜色为浅灰色,如图 3-28 所示。

图 3-28

6.输入白条中被遮掩的字母"out"并栅格化文字,按下 Ctrl 键同时点击图像缩略图层选中"out",如图 3-29 所示。

图 3-29

7. 打开素材按 Ctrl + A、Ctrl + C 键然后进行贴入。

8. 画出一条白线,用同样的方法显示白条中色线条。

9. 输入文字"青春日记",字体为华康娃娃体,字号为 36 点,如图 3-30 所示。

图　3-30

10. 重复步骤 6 显示"日"字。

11. 输入文字"侯义水 著",字体为华康魏碑,字号为 24 点,如图 3-31 所示。

图　3-31

12. 按 I 键,使用吸管工具吸取书包色并填充至"著"字。

13. 输入文字"山西交通出版社"并置于右下方,字体为微软雅黑,字号为 21 点,颜色为浅灰色,如图 3-32 所示。

14. 输入文字"青春日记"并栅格化文字,按下 Ctrl 键同时点击图像缩略图层选中"青春日记",打开素材按 Ctrl + A、Ctrl + C 键然后进行贴入,如图 3-33 所示。

15. 选中"侯义水 著"图层按下 Alt 键进行复制并移至书脊合适位置,如图 3-34 所示。

16. 输入文字"责任编辑 侯义水,版面设计 侯义水"并置于左上角,字体为微软雅黑,字号为 16 点,颜色为浅灰色,如图 3-35 所示。

图　3-32

图　3-33

图　3-34

17.输入文字"人生忽如……",置于封底的三分之二处,字体为微软雅黑,字号为 14 点,颜色为浅灰色,如图 3-36 所示。

图　3-35

图　3-36

18. 在 CorelDRAW 中绘制条形码并插入至封面中,置于封底右下方,如图 3-37 所示。

图　3-37

19.输入文字"定价:38元"置于条形码下方,字体为微软雅黑,字号为18点,颜色为深灰色,如图3-38所示。

图 3-38

知识链接1

改变文字的字符和段落属性

文字输入完毕后,如果需要修改它的参数,首先要使用文字工具选中文字,然后可以在属性栏中设置,或者单击属性栏中的按钮调节器调出"字符"和"段落"面板进行调节,如图3-39所示。

图 3-39

1.文本的字体

使用文字工具选择文字后,可在工具属性栏上设置字体,也可在"字符"面板中设置。

2.设置用中文显示字体名称

如果发现字体名称全部是英文显示的话会造成寻找字体的困难,所以需要修改字体的显示状态,让中文的字体使用中文进行显示。按 Ctrl + K 键打开"预置"对话框,取消勾选"显示英文字体名称"项即可。

3.文本的字号

图标表示文字的大小,软件中使用"点"为单位描述文字的大小。

4.文本的颜色

使用文字工具选择文字后,可在工具属性栏上设置字的颜色,如图3-40所示。

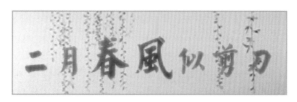

图　3-40

5. 文字的行距

图标表示文字的行距,"行距"指两行文字之间的基线距离。

6. 文字的字距

图标表示每一个字母或文字之间的距离。

7. 文字的样式

如图 3-41 所示,文字可以设置不同的样式,从左至右分别为加粗、斜体、大型大写、小型大写、上标、下标、下画线、中画线等。

图　3-41

通过制作如图 3-42 所示的文字排版页面,掌握和熟悉文字的基本属性。

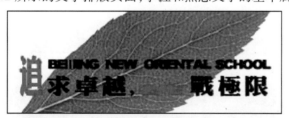

图　3-42

- 新建一个 10 厘米 × 3 厘米,RGB 色彩模式,72 像素/英寸的文件。
- 打开"叶子"图片,如图 3-43 所示。

图　3-43

- 用魔术棒选择画面中的白色区域。
- 执行"选择"菜单下的"反选命令"。
- 使用移动工具将叶子拖拽到新建文件中。
- 回到图层面板,单击创建新的填充或调整图层按钮,再选择渐变映射,如图 3-44 所示。

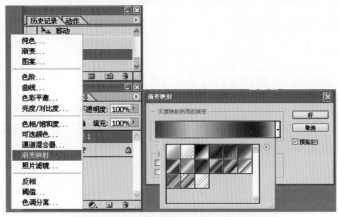

图　3-44

- 使用文字工具输入文字"追求卓越,挑战极限"。
- 选中全部文字后,调出"窗口"菜单下的"字符"面板,如图 3-45 所示。设置字体为"汉仪大宋简",字号为 30,颜色为黑色。

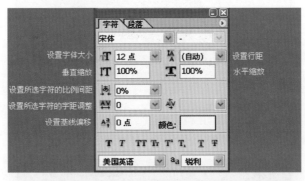

图　3-45

- 选取"追"字,调节字符调板:垂直缩放200%,基线位移5点,颜色为大红。
- 选取"挑"字,调节字符调板:垂直缩放50%,水平缩放200%,颜色为红。
- 将光标移动到"逗号"和"挑"之间,调节字符调板:设置两个字符间的字距微调为60%。
- 使用文字工具输入文字"BEIJING NEW ORIENTAL SCHOOL"。
- 调出"字符"面板,设置颜色为黑色,字体为Arial Black,字号为14点,垂直缩放和水平缩放均为100%,字距为−50,基线位移为−5。
- 用移动工具调整各层文字的位置,最终效果如图3-46所示。

图　3-46

8. 文字的垂直和水平缩放

指文字水平方向和文字垂直方向的缩放效果。

9. 段落的对齐和缩进

打开"段落"面板可以针对段落文字进行相关的设置。

段落的对齐方式可参考黑白字艺术效果制作案例。字体的设计是设计中的重头戏,要控制好文字的效果就需要掌握它们的各种参数设置。通过反相命令,掌握和熟悉文字的基本属性,如图3-47所示。

图　3-47

- 新建一个宽为15厘米,高为6厘米的文件,并填充白背景。
- 选择文字工具,输入"黑白人生",选择经典繁叠黑体,调整字体的位置及大小。
- 合并图层(Ctrl＋E),将文字和背景合并。
- 用矩形选框工具将要变换的选区选中。
- 用反相命令(Ctrl＋I)将选中部分变换。生成效果如图3-48所示。

黑白人生黑红人生

图 3-48

知识链接2

绘图工具

Photoshop 中绘图工具的功能非常强大,分为画笔、铅笔、橡皮擦和历史记录画笔等,如图 3-49所示,大家在学习的时候一定要注意结合它们属性的设置。另外还有两个填色工具——颜料桶和渐变工具能够创造出非常漂亮的效果。

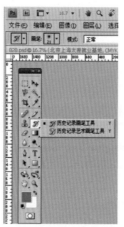

图 3-49

1. 画笔的基本用法

画笔是绘图工具中功能最强大的一个工具,通过基本设置,可以修改画笔直径的大小和透明度。如果使用高级设置,可以选择"窗口"菜单下的"画笔"命令,打开画笔画板,可以设置它的角度、圆度和间隔距离等,用以产生不用样式的画笔类型。

我们还可以在画笔面板里设置更加高级的选项,如动态画笔、纹理、杂色等。图 3-50 给出了其中几种设定的效果,希望大家能够举一反三尝试其他效果。

2. 铅笔的基本用法

铅笔工具可绘制硬边的线条,绘制的颜色为前景色。在铅笔工具的工具属性栏的弹出面板中可看到硬边的画笔。

3. 橡皮工具的使用

1)橡皮擦工具

橡皮擦工具起到擦除颜色的作用,但是有两种情况比较特殊,一是当它使用在背景层的时候功能就变成了画笔;二是当选中了属性栏中的"抹到历史记录"的时候,它的用法变得和历史记录画笔一样。

2)背景色橡皮擦工具

背景色橡皮擦工具起到将像素擦除成透明的效果。

3)魔术橡皮擦工具

魔术橡皮擦工具可根据颜色的近似值来确定擦除的范围,与魔棒工具类似,它也有容差值的设定。

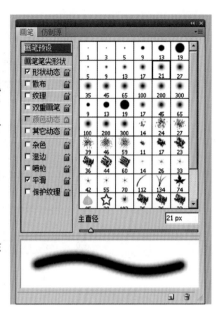

图　3-50

4. 历史记录画笔

历史记录画笔可对图像进行局部的效果恢复。它在使用的时候需要结合历史记录面板,如图3-51所示。

图　3-51

5. 颜料桶

颜料桶工具可根据颜色的近似程度来填充颜色,它也有容差值的设定,可填充前景色和图案。

6. 渐变工具

渐变工具用来填充渐变的颜色,选中后观察其工具属性,可发现它有5种渐变方式,它们分别为线性渐变、放射渐变、角度渐变、对称渐变和棱形渐变,如图3-52所示。

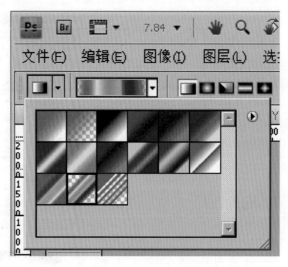

图 3-52

单击渐变编辑器，可以设定自定义的渐变色。

设置渐变方式为"角度渐变"，并选择"彩虹"渐变条，如图 3-53 所示。

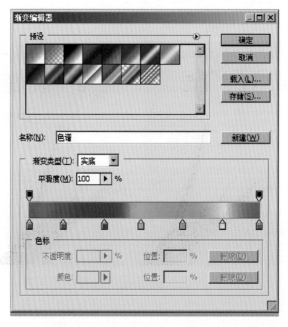

图 3-53

7. 绘图工具的色彩模式的应用

选择画笔工具时可看到在属性栏中有很多色彩模式可供选择，默认情况下是"正常"模式，如图 3-54 所示。

笔刷的色彩混合模式用来控制使用笔刷描绘或修复图像时所产生的效果，每种模式都有自己特定的作用和目的。在不同的模式下，笔刷在图像上描绘时所画的颜色会与原有图像中的颜色及图像中的可见层产生不同的合成效果,所以笔刷混合模式又称效果模式、着色模式或笔刷模式。利用改变色彩模式可以得到很多特殊的颜色效果。

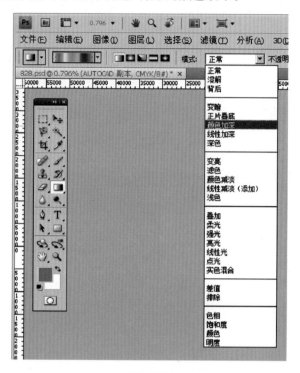

图　3-54

色彩混合模式除了能结合画布来使用,也可以结合到图层中使用,具体的每一种色彩模式的概念会在图层的高级应用中讲解到。

8.图案的定制和应用

可以将图像中的某些部分作为一个图案定义下来,然后就可以结合颜料桶以及填充命令来使用。

1)定制图案

要定义图案,首先得使用矩形选框工具在图像中拉出图案的选区范围,然后选择"编辑"菜单下的"定义图案"命令即可,如图 3-55 所示。

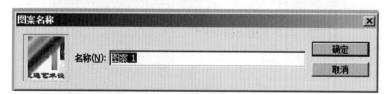

图　3-55

2)填充图案

定义好图案后可以使用颜料桶工具或选择"编辑"菜单下的"填充"命令进行填充。关于图案的具体用法请参考本项目案例"百叶窗效果",如图 3-56 所示。

图　3-56

3）图案和绘图工具的结合使用

可以将图像中的某些部分作为一个画笔定义下来,具体方法是首先使用矩形选框工具在图像中拉出图案的选区范围,然后选择"编辑"菜单下的"定义画笔"命令即可。

4）快速生成随机的图案

选择"滤镜"菜单下的"图案创建"命令,可快速创建出一副图案画的效果。

任务 3　书籍立体效果图制作

通常情况下,我们设计书籍的装帧是为了做印刷的展开图,但是如果是要拿给客户看的时候,就得做一张仿真的立体效果图,这样用户看到的效果更为直观。本次任务涉及图像的变形和渐变填充以及阴影的设计制作。

设计任务完成效果图如图 3-57 所示。

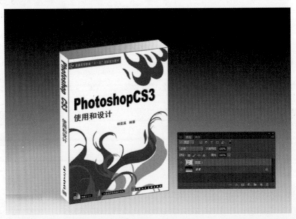

图　3-57

任务实施

1. 打开书籍展开图,按 Ctrl + R 键调出标尺,根据书籍的结构(封面、封底、书脊、勒口)拖出 4 根辅助线,如图 3-58 所示。

图　3-58

2. 使用矩形选框工具,选中封面部分,选择"图层"菜单中"新建"下的"通过拷贝的图层"命令,则会基于封面部分生成新的图层 1,如图 3-59 所示。

图　3-59

3. 同样在背景层上选择书籍部分,再选择"图层"菜单中"新建"下的"通过拷贝的图层"命令,则基于书籍部分生成新的图层 2。

4. 确定当前为图层 1,选择"编辑"菜单下的"自由变换"命令,则在图层的四周出现了带控制柄的变换框。将鼠标放在变换框右边中间的控制柄上,同时按住 Ctrl 和 Shift 键,发现鼠标光标变化,此时可向上拖动鼠标,当前图层即被斜切变形,按 Enter 键或在变换框内双击鼠标确认结果,如图 3-60 所示。

5. 再次选择"编辑"菜单下的"自由变换"命令,此次直接将鼠标放在变换框右边中间的控制柄上,向左拖动鼠标对当前图层进行横向缩小,在变换框内双击鼠标确定结果,这样可生成透视的感觉,如图 3-61 所示。

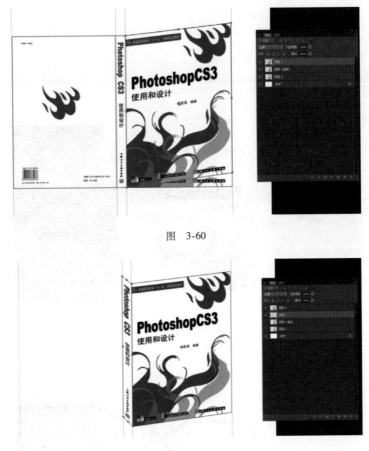

图 3-60

图 3-61

6. 选择"图像"菜单下的"显示全部"命令,可将图层 1 隐藏的部分显示出来。

7. 为了明确当前图层是单独的图层,可关掉背景层和图层 2 的眼睛图标来观察一下。

8. 选择书脊部分的图层 2,同样选择"编辑"菜单下的"自由变换"命令,将鼠标放在变换框左边中间的控制柄上,按住 Ctrl 键向上拖动鼠标,对书脊部分进行斜切变形,按 Enter 键确认结果。

9. 按"Ctrl + ;"键隐藏参考线,再次选择"编辑"菜单下的"自由变换"命令,对书脊部分进行横向压缩。

10. 现在图像的构图有些不太好,图像的上下部分没有留出透气的空间,我们需要对它进行调整。选择"图像"菜单下的"画布大小"命令,增加当前图像的画布尺寸。

11. 使用矩形选框工具选择需要保留的部分。

12. 选择"图像"菜单下的"裁切"命令,得到新的构图。

13. 现在背景层的图像已经不需要了,所以选择背景层,使用渐变工具,用黑白渐变对背景层进行填充。

14. 将图层 1 拖放到图层面板上的新建按钮上复制出新的"图层 1 副本",将其拖放到图层 1 和图层 2 的下面,然后使用移动工具将其挪动到新的位置。

提示：复制某个图层可在图层面板里面将它的名字拖到新建按钮上，要改变图层的位置可直接将图层拖动到所要放置的位置。

15. 新建图层 3，注意将它的位置放在"图层 1 副本"的上面，使用多边形套索工具做出一个适当选区范围，如图 3-62 所示。

图　3-62

16. 选择渐变工具，单击工具选项栏，弹出"渐变编辑器"对话框，渐变颜色请参考本身的颜色进行调整，基本上得到一个从深到浅的白色渐变条，如图 3-63 所示。读者也可参考原文件的颜色。

图　3-63

17. 使用设置好的渐变条颜色，顺着图层 3 选区的方向进行渐变填充，然后去掉选区，得到新的效果。

18. 现在立体书的效果出来了，但是我们还需要为书添加一个阴影，以增加其好像是放在一个台面上的真实感。注意将它的位置放在背景图层的上面，使用多边形套索工具做出一个选区范围，如图 3-64 所示。

19. 选择"选择"菜单下的"羽化"命令，设置羽化值为 15。

20. 选择渐变工具，编辑阴影的渐变色，注意在调出渐变编辑器后单击某个色标，然后将鼠标放在图中即可变成吸管状，直接在图中吸取颜色。

图 3-64

21. 使用编辑好的渐变颜色按照阴影的方向对图层 9 的选区进行填充,然后按 Ctrl + D 键去掉选区,如图 3-65 所示。

图 3-65

22. 做到这一步,大致效果已经出来了,但是我们还可以进一步模仿真实的光影效果。再新建一个图层 5,注意将其放到所有图层的最上面,然后将鼠标放在图层 1 上按住 Ctrl 键单击,则在图层 5 中得到图层 1 的选区。

23. 再次选择渐变工具,选择默认的从黑到白的渐变色,对图层 5 进行填充,注意拖动的方向是从右上方到左下方的斜线。

提示:Photoshop 默认有很多种渐变色条,常用的除了黑到白的渐变,还有从黑到透明的渐变以及模仿彩虹颜色带的渐变等。除了使用默认的渐变条颜色外,也可自己新建并进行随意的编辑。

渐变工具不仅可以进行线形渐变填充,还有其他的形式,如中心渐变、角度渐变、对称渐变和菱形渐变等,它们的基本用法都一样,只不过生成的效果有所区别。

24. 选择设置图层 5 的色彩混合模式为"正片叠底",降低它的透明度到 95% 左右,得到最终效果。

提示:图层的色彩混合模式指的是某个图层的颜色与其他图层的颜色之间的一种特效混合,可以产生丰富的视觉效果,我们在下面的章节里会有更多的精彩案例供大家理解和熟悉。

25. 现在我们可以将所有的图层进行合并,因为我们已经不需要多余的图层信息了(一般情况下最好留一个 PSD 格式的备份文件以便修改),单击图层面板右上方的小三角可调出下拉菜单,选择"拼合图层"即可,如图 3-66 所示。

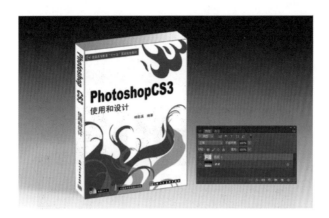

图 3-66

另外一种配色方案的立体效果图如图 3-67 所示。

图 3-67

知 识 链 接

文字遮盖图像效果

文字中图像的效果在设计中使用得非常广泛,灵活制造字中图像效果的方法非常实用,也很重要。如图 3-68 所示的文字图层编组是以一个图层作为另一个图层的蒙版来实现的。

图 3-68

（1）打开日出的图片，使用文字工具在图像上打上单词"sunrise"，字体为 Impact，大写。调整其大小，得到如图 3-69 所示的效果。

图　3-69

（2）在背景层的名称上双击，单击"确定"，背景层即被转换成普通的"图层 0"。

（3）将图层 0 拖放到文字层的上方。

（4）选择"图层"菜单下的"与前一图层编组"命令，发现图层 0 的图片出现在下一个文字图层的范围之内。

提示：图层编组还可以用快捷键 Ctrl + G 实现，要去掉编组状态可再按 Ctrl + Shift + G。

（5）新建图层，填充黑色，移动它到图层的最下方，得到图 3-70 所示的效果。

图　3-70

提示：此时若选择移动工具移动图层 0，会发现图片在文字区域内游动，就像用一个镂空的剪字蒙住一张图片，再挪动图片一样。这就是图层编组的作用，其实就是以 sunrise 的文字为蒙版来遮盖住图层 0。

【项目小结】

本项目主要讲解的文字功能是非常强大的，也是设计中不可缺少的元素，掌握文字需要从字符和段落设置两个基本功能方向入手，然后将技术应用到设计中。在设计过程中图案的绘制和应用也是非常重要的技能，要求学生掌握。

【项目作业】

1. 试着利用字符面板的各种功能排出如图 3-71 所示的文字版面效果，制作火焰字效果。

2. 案例实战练习——个人名章的设计制作，如图 3-72 所示。

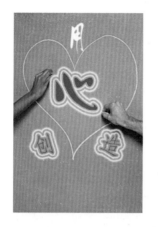 

图　3-71

图　3-72

3.《当代晋商》和《我的大学生活》书籍封面设计,并将之生成立体效果,如图 3-73 所示。

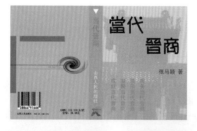

图　3-73

项目四　数码照片处理

【项目描述】

通常情况下,我们设计一个项目的前期工作是收集图片素材,但是有些图片不符合色彩规律或色彩对比太弱、偏色、曝光不足等。针对这些,Photoshop 拥有强大而专业的色彩、色调调整功能,能够针对图像进行有效的调整。另外,利用 Photoshop 强大的调色功能还能够创造出很多特殊的图像效果,比如将 20 世纪 70 年代的黑白老照片做成漂亮的现代彩色照片,或者将一张本来黑白的照片变成有丰富色彩变化的彩色照片,再如将普通的生活照片做成照相馆常见的柔焦美女照,甚至改变人的脸型和身材等效果。

数码照片的后期处理是 Photoshop 最为强大的功能之一,也是设计者及用户非常喜欢和实用的功能。无论是现实生活还是工作需要,都需要对大量的数码照片进行处理。本项目通过实施和完成 4 个设计任务,使读者掌握常见的人像照片的几种处理方法和技术,具备解决工作和生活中要求的各类证件照处理方法的能力。同时具备对人像的分析能力和综合设计能力,以适应工作岗位的需求。

【设计任务】

- 网上报名照片的处理。
- 人像艺术照制作。
- 个人证件照片的制作。
- 人物面部磨皮。

【学习目标】

- 图像、影像的高级分析能力。
- 图像菜单命令的真正掌握。
- 色阶调整、曲线命令的应用。
- 调整图像的亮度与对比度。
- 利用快速蒙版进行人像修复的能力。
- 明星照片修复处理能力。
- 常见人像美化、特殊效果的制作。
- 对照片的快速定位并确定修改方案。
- 多个修复工具、滤镜的综合使用。

【考核标准】

- 照片的尺寸大小和文件大小要满足设计和网站要求。

- 艺术照片的处理设计要既有艺术感,又满足客户的需求。
- 适当地添加文字,以提升照片的设计要求。
- 有设计个性,还要结合当下的设计趋势,吸引客户眼球。
- 证件照片要严格遵守证件照的尺寸要求和人像局部大小的设计要求。

任务1　网上报名照片的处理

我们在网上进行一些个人信息登记或申报时,常常需要按照对方规定的大小上传自己的照片。假设我们现在需要上传一张一寸免冠彩照,要求图片大小不超过30K。下面我们就来看看如何制作出符合要求的照片。

任 务 实 施

1. 在 Photoshop 中打开我们在照相馆拍摄的一寸照片的电子版文件,如图 4-1 所示。

2. 执行"图像→图像大小"命令,在弹出的对话框中可以看出,该文件像素大小为 34.9M,图像宽度和高度分别为 25 厘米 × 35 厘米,距离要求的大小相去甚远,如图 4-2 所示。

3. 调整"文档大小"栏中的宽度和高度值为标准一寸照片尺寸的 2.5 厘米 × 3.5 厘米,再次观察文件像素大小锐减为 357.1K,但是仍然不符合图片大小不超过 30K 的要求,如图 4-3 所示。

图　4-1

4. 将"文档大小"栏中的分辨率由 300 像素/英寸调整为 72 像素/英寸,再次观察文件像素大小变为 20.6K,符合了图片大小不超过 30K 的要求,如图 4-4 所示。

图　4-2

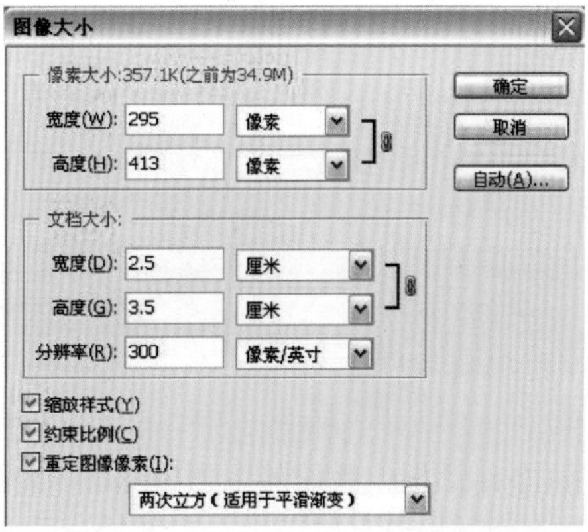

图　4-3

5. 更改完毕后的图像大小如图 4-5 所示。确定后执行"文件→存储为"命令,将图像文件更名保存即可。

图 4-4   图 4-5

知 识 链 接

1. 改变图像的大小

选择"图像"菜单下的"图像大小"命令,可开启"图像大小"对话框,如图4-6所示。

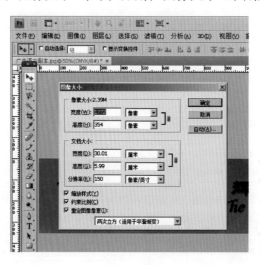

图 4-6

在这个对话框中我们可以通过修改"文档大小"的数值改变当前文件的尺寸和分辨率的大小,右边的链接符号表示锁定长宽的比例。如想改变图像的比例,可取消选取下面的"约束比例"项。

2. 改变图像画布的大小

选择"图像"菜单下的"画布大小"命令,可开启"画布大小"对话框,弹出如图4-7所示的对话框。

在这个对话框中我们改变的只是图像的画布尺寸,对图像大小本身并没有影响,我们还可以通过定位来确定画布改变后图像的位置。出现的画布底色默认为当前前景色。

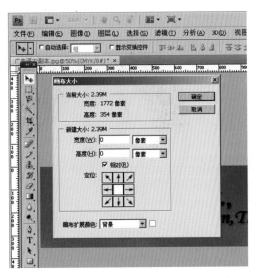

图　4-7

3. 改变图像的方向

选择"图像"菜单中"旋转画布"命令,可对图像进行画布旋转。如图4-8所示是执行了旋转画布命令后的情况。

图　4-8

任务2　人像艺术照处理制作

柔焦效果可轻易地为照片创建柔和的唯美效果。

利用"变暗"这种图层的色彩混合模式将一个平常的照片做成柔焦的美人照效果。

任 务 实 施

1.打开原始的图片素材,将背景图层拖放到图层面板上的新建按钮上,复制出新的"背景副本"层,如图4-9所示。

图 4-9

2.选择"滤镜"菜单中"模糊"菜单下的"高斯模糊"命令,对"背景副本"层进行虚化,设置半径数值为5.8,如图4-10所示。

图 4-10

提示:高斯模糊是对图像进行虚化的滤镜,是一个非常常用的命令。在对话框中主要是设置虚化的半径值,数值越大图像越模糊,单击减号和加号可缩放对话框的缩览图,注意勾选"预览"选项以观察效果。

3.设置"背景副本"层的色彩混合模式为"变暗",如图4-11所示,即出现了柔焦的美人照效果,如图4-12所示。这种效果是不是很像照相馆拍的艺术照呢?

图　4-11　　　　　　　　　　　　　图　4-12

知 识 链 接

调整修饰图像

针对各种图片的色彩、色调问题,我们将讲解 Photoshop 图像的色彩调整命令,它们的功能是非常强大的。另外针对图像细节的调整,我们需要学习几个修图工具。

1. 图像调节的基本概念

通常情况下,我们在设计一个项目时有很多种收集素材的方法,比如直接利用图库、上网收集,如一张湖光山色的风景照片,结果发现天空偏绿色,这就不符合大自然的色彩规律了,又如色彩对比太弱、偏色、曝光不足等。针对这些,Photoshop 拥有强大而专业的色彩、色调调整功能,能够针对图像进行有效的调整。另外,利用 Photoshop 强大的调色功能还能够创造出很多特殊的图像效果。

2. 图像调节内容

图像的调节一般应从 3 个方面来考虑,即图像的层次、图像的颜色和图像的清晰度。一幅图像如果在这 3 个方面都比较好的话,可以认为质量比较高。层次调节主要是处理好图像的亮调、中间调和暗调,使图像层次分明,各层次都保留完好并显现清楚。颜色调节主要是针对图像的偏色现象进行纠正。图像的清晰度和强度要把细节表现出来,使图像看起来清晰。

3. 图像调节原则

当然这 3 个方面是一个大的参考尺度,每个人的眼光不一样,调节的习惯也有差异,但是有两个原则要把握:即忠实于原稿和忠实于视觉习惯。

4.色调和色彩的调整命令

在 Photoshop 中,所有有关色彩、色调调整的命令基本上集中在"图像"菜单命令中"调整"下的子级菜单中,如图 4-13 所示。使用这些色彩调整指令,可以直接调整整个图层的图像或是选取范围内的部分图像。灵活运用每个色彩指令的功能对学习 Photoshop 是很重要的。

图　4-13

1)色阶和自动色阶命令

如图 4-14 所示左边图像的亮调、中间调和暗调的层次不分明,可通过"色阶"命令进行调整得到改善后的右边图像。色阶命令的特长是调整图像的亮调、中间调和暗调的层次分布。

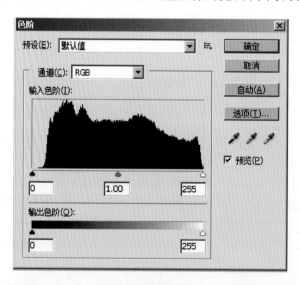

图　4-14

在色阶命令对话框上有一个"自动"按钮,单击之后 Photoshop 会对图像自动进行调整,有时会显得比较方便。其实在这里单击"自动"按钮和选择"调整"菜单下的"自动色阶"命令的作用是一样的。自动色阶命令虽然方便,但是并不是所有时候都能非常好地处理图像,自动调整的结果,显然不如手动调整得好,所以我们一般可先尝试使用自动色阶命令,如果结果不令人满意的话,就按 Ctrl + Z 键恢复重做。

2) 亮度、对比度和自动对比度的命令

如图 4-15 所示的左边图像整体色调比较暗、对比程度也不够,我们通过"亮度→对比度"命令进行调整得到改善后的右边图像。"亮度→对比度"命令主要是针对图像的亮度和明暗对比程度来调整的,它是一个比较简单和粗糙的调色工具。

图 4-15

3) 自动色彩命令

"自动色彩"命令是 Photoshop 对图像的色彩作出自己的分析然后进行调整的,和"自动色阶"命令一样没有需要设置的对话框,有时候能较快地帮助我们纠正偏色现象。

5. 精细调整图像的色调——曲线命令

曲线命令是一个非常专业和精细的色彩、色调调整命令。它的功能原理和色阶命令其实是一样的,但是它的优势在于调整更加精细,具体体现在曲线功能。如图 4-16 所示是曲线命令的对话框,这个对话框的核心功能就在中间一条曲线上,默认情况下它是一个对角的直线,将鼠标移动到曲线上单击即可添加一个调节点,可向上或向下移动它,图像即相应地发生变化。

图 4-16

使用曲线命令时需要注意,曲线上的每一个点代表着图像中相对应的一个色阶层次,如图4-17所示中 A 处的节点对应着图像中较亮的帽檐儿部位,而 B 则对应着较暗的头发部位。再将 B 处节点向下移动图像应该是亮的更亮、暗的更暗,就相当于提高了图像的对比度,看来它可以代替"亮度→对比度"命令。

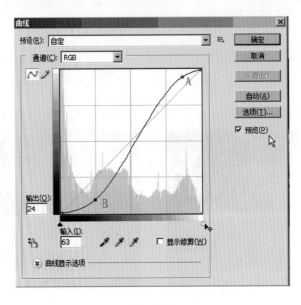

图 4-17

由于曲线上最多可添加 12 个节点,代表 12 个层次,所以图像的调整变得十分精细,不过一般情况下不需要那么精细的调节点,如果想删除掉多余的点只需将它拖出对话框之外就可以了,如图 4-18 所示。

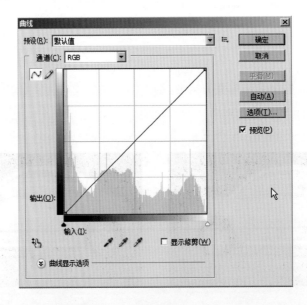

图 4-18

设置可以提高图像的色彩饱和度,相当于选择了"调整"命令下的"色相→饱和度"命令。我们可以从图层面板上调用"色相→饱和度"调节层,在这个对话框中可设置图像的"饱和度",即颜色的鲜艳程度。

在该对话框中还有一个铅笔的功能,选择铅笔可直接在表格中绘制任意的曲线。如果我们绘制的曲线和初始的曲线状态呈反向交叉的话,会发现图像变成了类似于照片底片的"负片"效果。其实在"图像"菜单中"调整"命令下的"反相"命令就是实现这个效果的,从而可以得出结论,曲线命令是可以代替反相命令的,包括上面所说的,它还可以代替"亮度→对比度"和"色相→饱和度"命令,这也正好说明了曲线命令功能的强大性,是我们需要掌握的重点命令。读者还需要通过不断实践和深刻体验才能加深对曲线命令的理解。

任务3　个人证件照片的制作

现实生活工作中,我们经常需要提交或准备一些个人证件照。表4-1是常见的个人证件照片分类、尺寸要求和对人像拍摄的基本要求。本次任务主要是将自己的普通数码照处理修复,得到合格的一寸白底照片。

表4-1

照片分类	照片规格	要　求	备　注
1 寸照片 (驾照照片)	22mm×32mm	1.持证者本人一年以内免冠; 2.白色背景的彩色正面相片; 3.矫正视力者须戴眼镜	1.照片尽量与自己的气质相符,不要有太大差距; 2.发型要整洁,避免蓬头垢面;男士胡须剃净,留须者要修剪整齐; 3.服装尽量挺括,不要皱痕明显; 4.精神焕发,不要萎靡不振; 5.对照片重视不等于艺术照片
2 寸照片	45mm×35mm		
居民身份证照片	32mm×26mm	1.公民本人一年内正面免冠彩色头像; 2.不着制式服装或白色上衣; 3.常戴眼镜的居民应配戴眼镜; 4.白色背景无边框; 5.人像清晰,层次丰富,神态自然,无明显畸变	1.颜色模式:24 位 RGB 真彩色; 2.头部应占照片尺寸的2/3
护照照片	48mm×33mm	1.着白色服装的用淡蓝色背景颜色,其他颜色服装的最好使用白色背景; 2.人像要清晰层次丰富、神态自然; 3.公职人员不着制式服装,儿童不系红领巾	1.头部宽度21～24mm; 2.头部长度28～33mm

任 务 实 施

1. 打开个人自己的生活正面照,尽可能选择背景简单的照片,如图 4-19 所示。

图　4-19

2. 复制背景层,在副本上进行处理,如图 4-20 所示。

图　4-20

3. 利用套索(L)工具,抠出图像。如果背景是单色,就可以用魔棒工具(W),直接将背景选中,删除。然后用橡皮擦工具(E)进行细节处理。如图 4-21 所示。

图　4-21

4.处理面部油光,如图4-22所示。

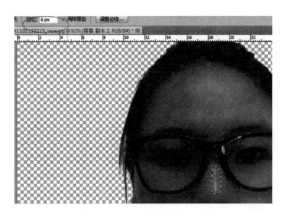

图　4-22

(1)使用 L 套索工具画出油光区,设置羽化值。

(2)将选框移动到附近皮肤,按 Ctrl + J 键复制所选部分,如图4-23 所示。

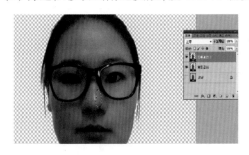 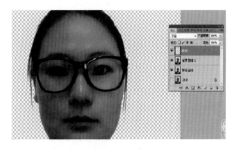

图　4-23

(3)移动复制的图层,到油光部分,如图4-24 所示。

图　4-24

(4)用同样办法处理其他部位油光。

(5)使用"图像→调整→曲线"(Ctrl + M),调整亮度,如图4-25 所示。

图 4-25

5. 按 Ctrl + E 键合并图层。

6. 新建一个宽度 2.2 厘米、高度 3.2 厘米的一寸照片文件,如图 4-26 所示。

图 4-26

7. 复制背景,如图 4-27 所示。

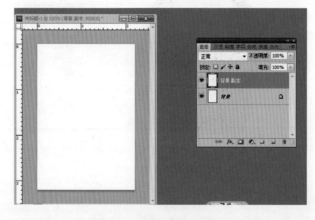

图 4-27

8. 给副本填充红色,如图 4-28 所示。

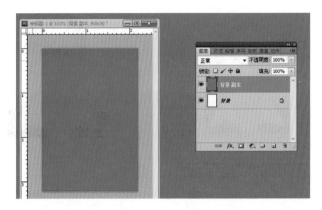

图　4-28

9. 打开衣服素材,如图 4-29 所示。

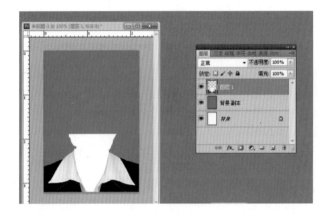

图　4-29

10. 将刚才修好的图像在这个文件中打开,按 Ctrl + T 键调整到合适大小,如图 4-30 所示。

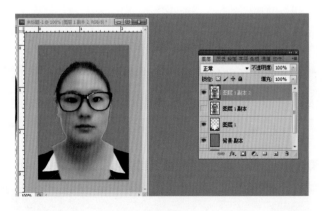

图　4-30

11. 使用 E 橡皮擦工具进行处理,生成一寸白底照和一寸红底照,如图 4-31 所示。

图 4-31

知 识 链 接

1. 图层色彩混合模式的应用

与绘图工具的色彩混合模式的用法相似,图层的色彩混合模式的概念是一样的,只不过这里是结合在图层中使用罢了,这里我们初步了解每一种模式的基本概念。

1)Normal 模式

这个模式可使用当前所用的颜色修改笔刷下的每个像素。在此模式下将 Opacity 设置为90% ,则笔刷下的像素全部用当前所用的颜色代替;如果 Opacity 小于90% ,则笔刷下的像素颜色会透过所用的颜色显示出来。

2)Multiply 模式

这个模式将颜色值相乘,使笔刷下的像素变暗,也就是把图像上的原始颜色与所描绘的颜色结合起来产生比两种颜色都深的第 3 种颜色。Multiply 模式利用减色原理,用黑色着色时产生黑色;用白色着色时不起作用;红色和黄色相乘是橙色;红色和绿色相乘是褐色;红色和蓝色相乘是紫色。每一次应用色彩时,像素都会得到更多的描绘颜色值。

3)Screen 模式

这种模式与 Multiply 模式正好相反,它把图像上的原始颜色与所描绘的颜色结合起来产生比两种颜色都浅的第 3 种颜色。Screen 模式是利用加色原理,它用黑色时不起作用;用白色着色时产生白色;红色和黄色混合成灰白色;红色和绿色混合成黄色;红色和蓝色混合成粉红色。如果在 Screen 模式中重复应用色彩,像素就会变得越来越淡。

4)Overlay 模式

这种模式能把图像的前景色与图像中的颜色相混合来产生一种中间色。使用 Overlay 模式着色时,图像内比着色颜色暗的颜色使着色颜色倍增,比着色颜色亮的颜色将使着色颜色被遮盖,而图像内的高亮部分和阴影部分保持不变。在黑色或白色的像素上着色时,Overlay 模式不起作用。

5)Soft Light 模式

这种模式产生一种柔和的聚光灯照在图像上的效果。如果所描绘的颜色比笔刷下面的像素颜色更淡,则图像会变亮;如果描绘的颜色比笔刷下面的像素颜色更暗,图像就会变暗。即使将 Opacity 的值设置为 90% 也会使图像变亮或变暗。这种效果是用一种漫射而不强烈的光产生的。

6）Hard Light 模式

这种模式产生一种强烈的聚光灯照在图像上的效果。如果所描绘的颜色比笔刷下面的像素颜色更深,图像就会变亮;如果所描绘的颜色比笔刷下面的像素颜色更暗,图像就会变暗。在此模式中用黑色描绘,会产生黑色;用白色描绘则产生白色。

7）Color Dodge 模式

这种模式可以加亮图像区域,其功能与 Dodge 工具类似。它能根据前景色的浓淡使像素的颜色增亮。如果用户在这个模式中使用某个描绘工具或处在 Layers 面板里,就可以调整 Opacity 滑块来控制该模式的效果。在此模式中,用黑色描绘不会产生任何效果。

8）Color Burn 模式

这种模式可以使图像区域变暗,其功能与 Burn 工具类似。它能根据前景色的深浅使像素的颜色变暗。如果用户在这个模式中使用某个描绘工具或处在 Layers 面板里,就可以调整 Opacity 滑块来控制该模式的效果。

9）Darken 模式

这种模式只影响比所使用的颜色更浅的颜色,从而用描绘的颜色加深它们,也就是说图像中比着色颜色浅的像素颜色将由着色颜色加深。此模式是建立在通道基础上的。在使用它时,Photoshop 将描绘的颜色值与笔刷下的颜色值相比较,然后用最深的颜色值创建混合色(在此模式下,如果 R90、G50、B25 着色在 R25、G90、B75 上,则产生的颜色是 R25、G50、B25)。

10）Lighten 模式

这种模式与 Darken 正好相反,它只修改比所用的颜色更深的像素。结果是用描绘的颜色使较深的颜色变浅,也就是说图像中比着色颜色深的像素由着色颜色加浅,而其他像素的颜色不变。此模式也是建立在通道基础上的,可以对单个的通道运用此模式。在使用它时,Photoshop 将描绘的颜色值与笔刷下的颜色值相比较,然后用最浅的像素值创建混合色(在此模式下,如果 R90、G50、B25 着色在 R25、G90、B75 上,则产生的颜色是 R25、G50、B25)。

11）Difference 模式

这种模式是从图像中像素颜色的亮度值中减去着色颜色的亮度值,如果结果为负则取正,产生反相的效果。例如,在此模式中,用 R90、G50、B75 着色在 R25、G90、B75 上,得到的颜色将是 R75、G50、B50。由于黑色的亮度值为 0,白色的亮度值为 255,所以用黑色着色不会产生任何影响,用白色着色则产生被着色的原始像素颜色的反相。

12）Exclusion 模式

这种模式与 Difference 模式相似,但是具有高对比度和低饱和度效果,使用 Difference 模式获得的颜色要柔和些、浅些。然而用白色或黑色描绘得到的结果和 Difference 相同;用黑色描绘不会有任何效果。建议在处理图像时,首先选择 Difference 模式,若效果不够理想,可以选择 Exclusion 模式来试试看。

13）Hue 模式

这种模式只用着色颜色的色度值进行着色,而使饱和度值保持不变。图像内只有色度值与着色颜色的色度值不同的像素才会被着色。此模式不能用天灰度模式的图像。

14）Saturation 模式

这种模式的作用方式与 Hue 模式相似,它只用着色颜色的饱和度值进行着色,而使色度值和亮度值保持不变。图像内只有饱和度值与着色颜色的饱和度值不同的像素才会被着色。此模式也不能用于灰度模式的图像。

15）Color 模式

这种模式同时使用着色颜色的饱和度值和色度值进行着色,而使亮度值保持不变。此模式常用来使灰色或单色图像变为彩色,这是因为笔刷下的阴影和轮廓将透过所着色的颜色显示出来。这个效果类似于使黑白电影彩色化。

16）Luminosity 模式

这种模式与 Color 模式正好相反,它只用着色颜色的亮度值来影响图像内像素的亮度值,而使饱和度值和色度值保持不变。在此模式中,笔刷下的颜色像素的亮度和黑度会发生变化,但其颜色值不变。

2. 调整色偏的命令——色彩平衡

通过对图像的色彩平衡处理,可以校正图像色偏,过饱和或饱和度不足的情况,也可以根据自己的喜好和制作需要,调制需要的色彩,更好地完成画面效果。

3. 针对色彩的三要素进行调整的命令——色相饱和度

在学习"色相饱和度"命令之前必须对色彩的三要素有一定的概念。

首先要知道色彩的一些基本概念,比如如何去判断一个色彩。一般来说人们习惯于这样去描述对色彩的感受——"某某今天穿了件大红色的上衣!""他手里拿着一个银色的笔记本电脑""今天的天空真蓝"等类似的话。其实这已经代表人们有自己色彩感,但是作为专业设计者来说,还必须以专业的眼光去观察色彩。

色彩的三要素是色相、明度、饱和度。这是颜色的基本特征,缺一不可。色相是一种颜色区别于另一种颜色最显著的特性,它是用以判断颜色是红、绿、蓝或是其他颜色的色彩感觉。光源的色相是其辐射的光谱使人眼所产生的感觉。物体的色相取决于物体对可见光进行选择性吸收后的结果。明度就是人们所感知到的色彩的明暗程度。饱和度也叫纯度,指的是颜色的鲜艳程度。图 4-32 为 RGB 三色图。

1）色相

色相指的是色彩的相貌,就是通常意义上的红、橙、黄、绿、青、蓝、紫,读者可以点开 Photoshop 的拾色器(图 4-33),单击 H 项以色相的方式调整色彩,发现随着小三角标(B 处)的上下游动而发生色相的变化。

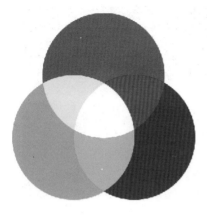

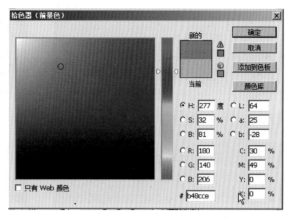

图　4-32　　　　　　　　　　　　　　　　　　图　4-33

但是注意一点,颜色的相貌只是相对而言的,我们最好理解成"这种颜色带有红色(橙、黄、绿、青、蓝、紫)的倾向"。各种颜色之间是没有绝对的界限的。建议想学好平面设计的读者找专业的书籍好好研究一下色相环。

2)明度

明度指的是一种颜色在明暗上的变化。单击 B 项以明亮度的方式调整色彩,发现色彩随着小三角标(B 处)的上下游动而发生明度上的变化。

3)饱和度

饱和度指的是色彩的鲜艳程度,单击 S 项以饱和度的方式调整色彩,发现色彩随着小三角标(B 处)的上下游动而发生色彩纯度上的变化,如图 4-34 所示。

图　4-34

"色相/饱和度"命令就是专门对色彩的三要素进行调整的命令,可以说是一个比较直观易学的命令。图 4-35 中的小鸟颜色纯度太低,可通过"色相→饱和度"命令调整后加大纯度和亮度数值,得到明快的图像效果。

图 4-35

也可通过面板上的"着色"开关选项将图片做成一个统一的色调。对图像执行去色命令会扔掉图像中的色彩信息,得到只有黑白灰色调变化的图像。

4. 替换颜色命令

图像中花瓣的色彩变化并不影响图形中其他部分的颜色,替换颜色命令就是针对这种情况的命令,面板中黑白的预览图是当前的选择范围的预览区,白色的区域表示被选择进行调色的区域。加大"颜色容差"数值可以扩大选择的范围,如图 4-36 所示。

图 4-36

5. 可选颜色命令

图像中花的颜色偏紫,通过可选颜色命令调整为右边自然的正常颜色。在对话框中以一种色彩——"红色"(画面中花的颜色倾向色)为基础对图像进行调整。

6. 通道混合器命令

通道混合器命令将当前颜色通道中的像素与其他颜色通道中的像素按一定程度混合,利用它可以进行创造性的颜色调整、创建高品质的灰度图像、创建高品质的深棕色调或其他色调的图像,将图像转换到一些色彩空间,或从色彩空间中转换到图像、交换或复制通道。

调出通道混合器命令对话框如图 4-37 所示。

首先在"输出通道"选项栏中选择进行混合的通道(图 4-38)(可以是一个,也可以是多个)。然后在对话框的"源通道"部分调整某个通道的三角滑块;三角滑块向左移动,可减少源通道在输出通道中所占的百分比,向右拖动,则所得相反。也可以在数据框中输入 -200 ~ + 200 之间的数值。数值为负时,源通道反相加入到输出通道中。如果选择"单色"选项,能对输出通道应用相同的设置,得到只有灰色阶的图像(色彩模式不变)。

图　4-37

图　4-38

7. 反相命令

执行反相命令可模仿照片的底片效果(图 4-39)。

图　4-39

8. 色调均化命令

Equalize(色调均化)命令能重新分配图像中各像素的亮度值。

9. 阈值命令

阈值命令能把彩色或色阶图像转换为高对比度的黑色图像。可以指定某一色阶作为阈值,然后执行命令,于是比指定阈值亮的像素会转换为白色,比指定的阈值暗的像素会转换为黑色。阈值命令对话框中的直方图显示当前选区中像素亮度级（图 4-40）。拖动直方图的三角形滑块进行图形中细节的调整控制。

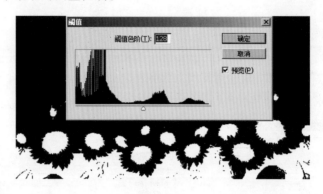

图　4-40

10. 色调分离

色调分离命令的作用是指定图像每个通道的亮度值，并指定亮度的像素映射为最接近的匹配色调。在色阶数据中输入想要的色阶数，然后单击"确定"按钮即可。利用这个命令，可以制作大的单调区域的效果或一些特殊的效果。

11. 变化命令

变化命令能够粗略调整图像或选区的色彩平衡、对比度和饱和度。在变化命令面板中可分别对图像的 Shadows（暗部）、Midtons（中间调）和 Highlights（高光）或者 Satoration（饱和度）进行调整，调整方法是：如果要在图像中增加颜色，只需单击相应的颜色缩览图就可以。如果要从图像中减去颜色，可单击色轮上相对颜色。

任务4　人像面部磨皮设计处理

磨皮这个任务在婚纱影楼和人像写真设计领域非常普遍。这是一个出自美容领域的词汇，意即将皮肤处理得光滑柔嫩。在 Photoshop 中，我们也可以通过一系列的手法配合，将原本皮肤粗糙的照片打造成令人满意的艺术照效果。

任 务 实 施

1. 打开如图 4-41 所示的图片。图片中的女孩其实眉目很清秀，只是皮肤上有很多的雀斑并且很粗糙。下面就让我们还她一个美丽的形象吧。

2. 选择修复画笔工具，设定一个合适大小的画笔笔触，切记一定要将其硬度设定为 0，这样在修复时才会自然、柔和；按 Alt 键在女孩面部相对较好的皮肤部分定义取样点，然后仔细地将面部的斑点进行大致的修复，要注意不能破坏掉原有的清晰轮廓，如图 4-42 所示。

图　4-41　　　　　　　　　　　　　　　　图　4-42

3. 初步修复完毕后的女孩面部已经感觉好了很多,但是真正的磨皮还并未开始。将初步修复过的背景层复制一层,并对其执行"滤镜→模糊→表面模糊"命令,如图4-43所示。"表面模糊"滤镜是从 Photoshop CS2 开始加入的一个新功能,之前我们进行此步操作时都是用"高斯模糊"的,而现在用"表面模糊"形成的皮肤效果要比"高斯模糊"更好,大家可以尝试对比一下看看。

图　4-43

4. 执行完"表面模糊"滤镜后,已经形成了比较好的柔滑皮肤效果,但是该滤镜对人物的眉毛、眼睛等细节却造成了很不真实的模糊效果。选中背景层,将其再复制一层,并拖放至图层控制面板的最上方,如图4-44所示。

图　4-44

5.下面才真正开始磨皮操作。选择橡皮擦工具,将其画笔主直径调节到40px左右,硬度调节为50%,不透明度调节为30%,如图4-45所示。然后用橡皮擦工具细心地在"背景副本2"图层上对皮肤进行擦除,使其渐渐露出下层模糊过的好的皮肤效果来。

图 4-45

6.在擦除过程中,遇到比较细小的皮肤区域,可随时调节画笔大小,快捷键为左右中括号。一定要保护好原有的清晰轮廓,如图4-46所示。

图 4-46

7.全部擦除完毕后的效果如图4-47所示。

图 4-47

8.将模糊过的"背景副本"图层复制一层,并将其拖放到图层控制面板最顶层;对其执行"滤镜→模糊→高斯模糊"命令,将模糊半径设置为 20 像素,使画面变得非常模糊,如图 4-48 所示。

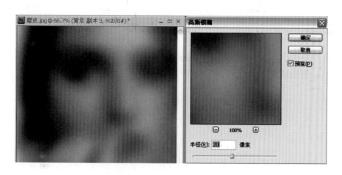

图 4-48

9.最后将"背景副本 3"图层混合模式修改为"滤色",即得到如图 4-49 所示的最终磨皮美化艺术照效果。

图 4-49

知 识 链 接

最佳的图像调节方式——调节层的使用

1.调节层的概念

项目二里我们提过填充层的概念,它包括图案、纯色和渐变三种,可在图层中生成新的填充层。这里的调节层和填充层的用法基本是一样的,只不过它是结合了 Photoshop 的调节命令,但是一种更好的方法是使用"调节层"来实现对图像的调整。单击图层面板下的调节层工具,会弹出如图 4-50 所示的下拉菜单,选中色阶命令弹出对话框进行调整,此时在图层面板里会出现一个新的调节层。

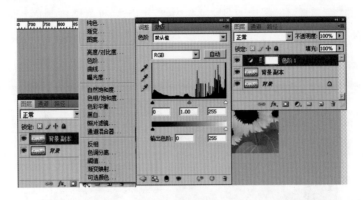

图 4-50

调整好后若觉得不满意,通常的做法是按 Ctrl + Z 键恢复上一步重新来做,但是使用"调节层"就不用那么麻烦了,可以直接单击调节层的缩览图,可再次调出它的对话框进行调整。这是使用调节层调整图像比直接使用菜单命令的优越之处。

除此之外,调节层只是作为一个层存在,意味着调节层对图像层本身的色彩并没有更改,只是附加了一个调节的效力而已,这一点比直接使用菜单命令"改变图像本身的属性"具有极大的优势。

在不需要这个效果的时候,可以随时关闭此层的眼睛,而且丝毫不影响图像本身。

2. 调节层的使用

默认情况下,调节层对处于它下方的所有图层起作用,具有"多级控制"的功能。但是它又是灵活的,如果只想对处于它下方的一个图层起作用的话,可在单击图层的按钮时,按住 Alt 键调出一个对话框,在对话框中勾选"与前一图层编组"即可实现只对处于它下方的一个图层起作用。

提示:调节层虽然有很多优势,但不是所有的调节命令都能在调节层里找到,有的命令还是要使用菜单命令的。读者可自己将它们对照一下,做到心中有数。

3. 修图工具的使用

图像除了会存在色调、层次和颜色的问题之外,有时候还会有一些细节上问题,如人物照片中的"红眼",年月日久的老照片上的墨迹和污点等。针对这些,Photoshop 提供了一系列的修图工具。

1)仿制图章工具

仿制图章工具(图 4-51)可精确地复制图像的一部分到另一个地方,可用来修复照片中的

图 4-51

污点等。使用的技巧是,先在准备复制的地方按住 Alt 键单击,以得到原始取样点的像素信息,然后挪到目标位置进行复制。利用它修复一张老照片中白点的效果。

修图的时候要避免出现太生硬的边缘,关键是要调整工具的硬度小于 50%。

2）修复画笔工具

修复画笔工具和仿制图章工具比较类似,操作方法一样,所不同的地方在于它在修复图像的时候会保留目标区域颜色的明度,而不是完全的复制。利用这一特点可以轻易修复一些复杂的图像区域,如人脸上的皱纹等。

使用修复画笔工具同样需要注意硬度的设置,如图 4-52 所示,在工具属性栏上单击画笔,可修改它的硬度数值。当然也可根据需要修改它的直径、间距、圆度和角度等参数。

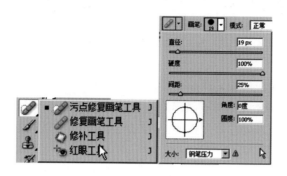

图　4-52

3）修补工具

修补工具的用法非常简单,首先在图像中圈出需要修复的地方,会出现一条蚂蚁线,然后移动蚂蚁线到取样的区域即可。如图 4-53 所示。

4）涂抹工具

将像素顺着鼠标的走向进行位置移动,可用来模仿烟雾的效果等。注意使用的时候可以通过调整属性栏中的强度值来改变操作的强度。

5）模糊工具和锐化工具

这两个工具(图 4-54)可使图像的像素变得模糊或清晰,常用于细节的调整。如使用锐化工具加强人物的眼神,使用模糊工具模仿照相机景深的效果。

图　4-53

同时也要注意在使用锐化工具的时候不要反复多次涂抹图像,也不要设置强度太大,否则会出现适得其反的效果。

图　4-54

6）减淡工具和加深工具

减淡工具可加亮图像的像素,加深工具可加深图像的像素,两者都是用于细节色调调整的工具。

7）海绵工具

用来增加或降低颜色的饱和度。去色模式为降低饱和度,加色为增加饱和度。使用海绵工具为图像增加纯度的效果。

【项目小结】

照片的处理是本课程非常重要的内容,要求学生结合客户的要求和实际真正掌握。本项目一是学习专业的调色命令,如色阶、曲线和色相、饱和度、色彩平衡等。二是简单实用的命令,如亮度、对比度、变化、自动色阶、自动色彩、自动对比度等。三是针对特殊情况的命令,如替换颜色或生成特殊效果命令,如反相、域值、渐变映射等。读者可根据实际情况灵活地运用它们。针对图像细节的调整学习了几个修图类的工具,如仿制图章、模糊、锐化、海绵等,它们的用法很简单,需要在不断的练习中去熟练掌握。

【项目作业】

1.尝试使用图层的功能制作一张海报。

2.自己尝试利用蒙版合成几张不同环境和背景的图片到一个场景中。

3.尝试扫描自己以前认为色彩层次不分明的照片,再使用 Photoshop 的色阶或曲线命令进行调整。

4.扫描有划痕和污点的照片,再使用仿制图章、修复画笔等工具进行修复。

5.实战练习案例(图4-55)。

图　4-55

项目五　网页界面设计

【项目描述】

网页界面设计主要指图形设计和版面设计,同时兼顾文字的可读性,网页标题的可读性,网站导航,保护个人信息声明。设计时要注意分析网页功能模块,了解页面结构中的主次。根据网页要求的颜色、尺寸、风格,选择相似的页面做参考;准备网页中的文字、图片等素材;根据模块布局和风格要求,进行设计;还要求听取多方意见,实时改进。

【设计任务】

- 网站标志的设计制作。
- 网站引导页设计制作。
- 网站主页设计制作。
- 个人博客网站设计制作。

【学习目标】

- PS 处理矢量图的能力。
- LOGO 的赏析能力。
- 颜色通道与 Alpha 临时通道的了解。
- 规则矢量图的绘制和处理。
- 钢笔工具绘制路径并对路径进行修改。
- 钢笔工具与自动选择工具的编辑修改。
- 路径与选区的变换能力。
- 矢量的概念要深入理解。
- 继续复习和应用快捷命令。
- 笔刷的参数设置。

【考核标准】

- 设计内容结构完整,信息量全。
- 独立设计 LOGO。
- 动画引导页要美观,能突出主题。
- 网站主题醒目、突出。
- 首页结构清晰,布局合理。
- 二级页面布局合理、内容完整。

- 整体版面设计色彩搭配合理,层次分明。
- 主导航设计美观。
- 团队成员之间配合密切。

任务 1　网站标志的设计制作

看到这个标志你想到了什么？或许它是一个跟钱币、金融有关的企业,因为从中我们可以看到铜钱的影子。该标志是一个几何图形的组合,可以通过通道进行制作,同时要求读者理解使用通道存储选择区域的方法,以便随时调用功能。

设计任务完成效果图如图 5-1 所示。

图　5-1

任 务 实 施

1. 新建一个 300 像素 × 300 像素,RGB 色彩模式,72 像素/英寸的文件。

2. 选择"视图"菜单下的"标尺"命令,将图像的标尺显示出来,然后选择"视图"菜单下的"新参考线"命令,弹出如图 5-2 所示的对话框,设置取向为垂直,位置为 150 像素,得到一根垂直中心的参考线。同理再次执行此命令改变取向为水平,得到一根水平中心的参考线。

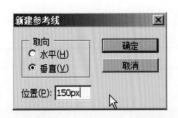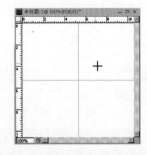

图　5-2

3. 选择方形选框工具，设置为"固定大小"，如图 5-3 所示。设置固定大小数值为 280 像素 ×280 像素。在两根辅助线交叉的中心点处按住 Alt 键单击，得到以当前文件中心为基点的正方形选择区域，如图 5-3 所示。

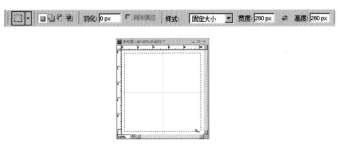

图　5-3

4. 设置选择"选择"菜单下的"保存选区"命令，弹出如图 5-4 所示的对话框，将选区存储为 Alpha 1 通道。

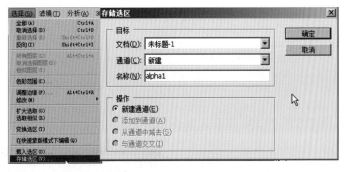

图　5-4

5. 按 Ctrl + D 键去掉刚才的选区，选择椭圆形状选择工具，设置其样式为"固定大小"，数值为 230 像素 ×230 像素。在两根辅助线交叉的中心点处按住 Alt 键单击，得到以当前文件中心为基点的正圆形选择区域，如图 5-5 所示。然后重复步骤 4，将当前选区保存为 Alpha 2。

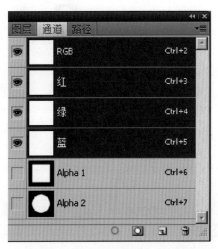

图　5-5

6.再次选择方形选择工具,设置其样式为"固定大小",数值为30像素×300像素,在两根辅助线交叉的中心处按住Alt键单击,得到以当前文件中心为基点的正方形选择区域,如图5-6所示。然后重复步骤4将当前选区保存为Alpha 3。

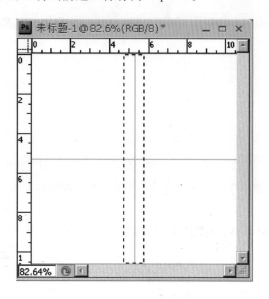

图 5-6

7.重复步骤6,设置数值为300像素×30像素,得到Alpha 4,如图5-7所示。

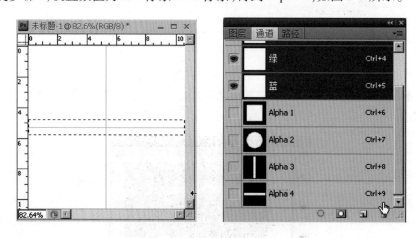

图 5-7

8.回到图层面板,选择"选择"菜单下的"载入选区"命令,出现对话框,在"通道"下拉列表里选择Alpha,单击"确定",发现Alpha 1里白色的区域作为选区被调用了进来,同时也说明了通道存储选择区域的道理。

9.再次执行载入选区命令,这次选择通道Alpha 2,注意"操作"项选择为"从选区中减去",如图5-8所示。单击"确定"得到Alpha 1中正方形白色区域减去Alpha 2中正圆形白色区域的选区。

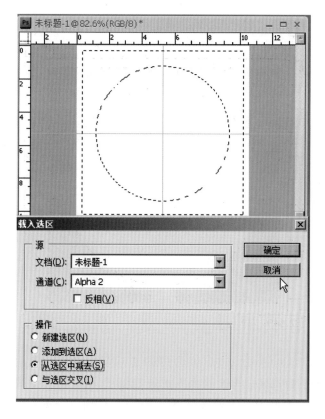

图　5-8

10. 重复步骤 9,以"从选区中减去"的方式先后载入通道 Alpha 3 和 Alpha 4,得到如图 5-9 所示的选区。

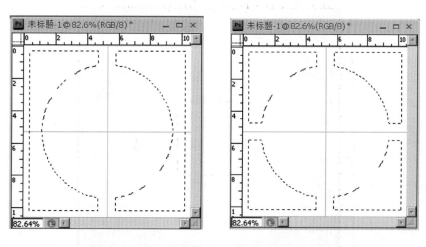

图　5-9

11. 调整前景色为蓝色,然后执行"编辑"菜单下的"填充"命令,将其填充到当前的选择区域,得到如图 5-10 所示的效果。

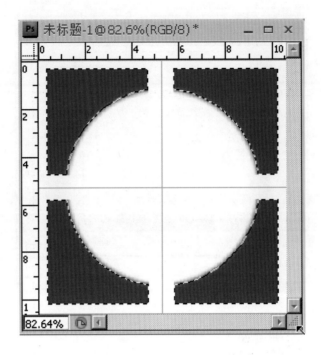

图　5-10

12. 按 Ctrl + D 键去掉选区。再次选择方形选择框工具,设置其样式为"固定大小",数值为 80 像素 ×80 像素,在图像中心点处按住 Alt 键单击,得到一个正方形选择区域,然后执行"选择"菜单下的"变换选区"命令,在选区周围出现变换框,如图 5-11 所示。

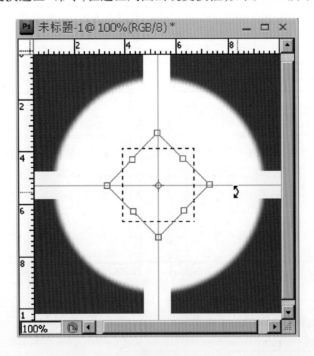

图　5-11

13. 此时在工具选项栏上出现相应的设置选项,调整角为45°。然后将当前前景色填充到修改好的选区内,如图5-12所示。

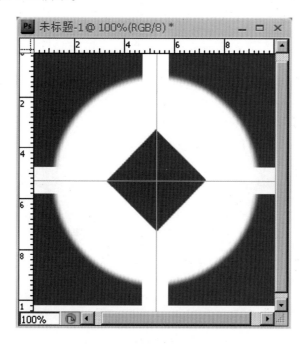

图　5-12

14. 按 Ctrl + D 键去掉选区。新建一个图层1,执行"选择"菜单下的"载入选择"命令,载入 Alpha 4 的选择区域,填充前景色,得到如图5-13所示的效果。

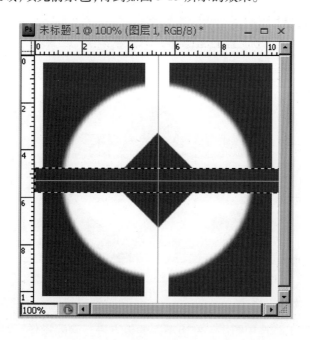

图　5-13

15.确定当前操作层为图层1,执行"选择"菜单下的"载入选择"命令,载入 Alpha 2 的选择区域,然后执行"选择"菜单下的"反向选择"命令,如图5-14 所示。

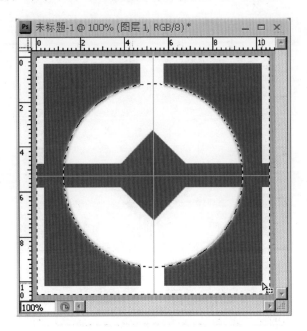

图 5-14

16.按下键盘上的 Delete 键,将多余的部分删除,得到如图5-15 所示的效果。

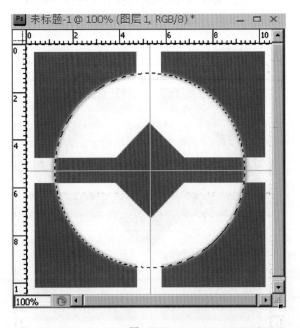

图 5-15

17.再用矩形选框工具选中图层1 左边不要的地方进行删除操作,然后得到最终的效果如图5-16、图5-17 所示。

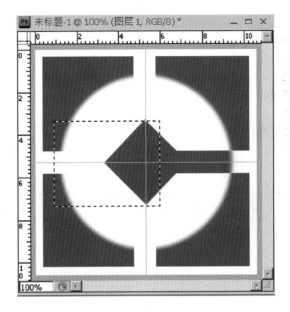

图　5-16

图　5-17

知 识 链 接

几何形状图形工具的使用

图形工具的基本使用

图形工具分为矩形工具、圆角矩形工具、椭圆工具、多边形工具、直线工具和自定义形状工具，如图 5-18 所示。

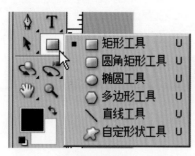

图 5-18

1）矩形工具

选择矩形工具，并在属性栏中设置它的参数，如图5-19所示。

- 不受约束：绘制任意大小的矩形。
- 方形：比例约束为1:1。
- 固定大小：可设定固定数值的大小来绘制图形。
- 比例：设定图形的长和宽的比例。
- 从中心：绘制图形的时候以落点为中心。

图 5-19

2）圆角矩形工具

选择圆角形状工具，它的属性栏中的参数和矩形工具非常相似，唯一的区别在于它有圆角半径的设计，圆角矩形圆角半径分别为10、20、30时的效果，如图5-20所示。

3）椭圆工具

椭圆工具的设置和矩形的一模一样，只不过生成的是椭圆形罢了。

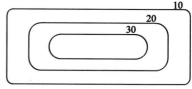

图 5-20

4）多边形工具

选择圆角形状工具，可设置它的边数。半径可限定图形的大小。勾选"星形"，勾选"平滑拐角"，勾选"平滑缩进"，可分别得到如图5-21所示的效果。

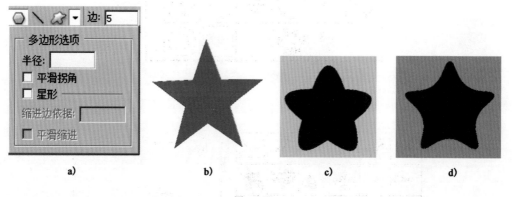

a)   b)   c)   d)

图 5-21

5）直线工具

选择直线工具，可设置线的粗细程度。勾选箭头下的"起点"和"终点"可得到不同的效果。修改"凹度"为50%可得到效果如图5-22a）所示，修改"凹度"为-50%可得到的效果如图5-22b）所示。

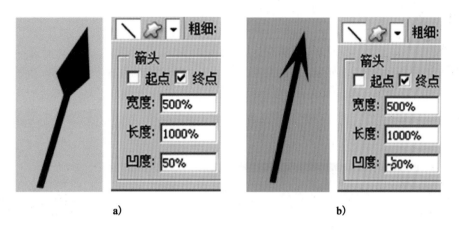

a)

b)

图　5-22

6）自定义形状工具

选择自定义形状工具，如图 5-23 所示，可设置形状的样式。还可以单击面板右上方的小三角载入更多的形状，如图 5-24 所示。

图　5-23

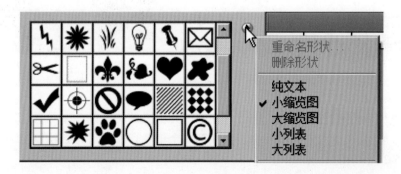

图　5-24

下面的案例就是利用椭圆工具制作三元牛奶标志,要求掌握矢量绘图工具的基本方法。

- 新建一个6厘米×6厘米,分辨率为300像素/英寸,色彩模式为RGB的文件。
- 选择"视图"菜单中"显示"下的"网格"命令,打开图像的网格显示,选择"视图"菜单下的"标尺"命令打开标尺显示,在标尺上右击调用单位为"厘米"。
- 选择"编辑"菜单下的"预置"命令,在下拉列表中选择"参考线和网格",定义网格间隔为2厘米,子网格为4,如图5-25所示。

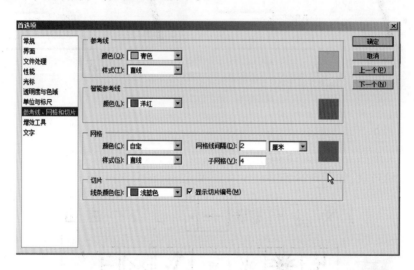

图 5-25

- 选择图形工具,在其属性栏中设置创建类型为形状图层,然后打开椭圆工具的下拉面板,设置其样式为"比例1:1",确定已勾选"从中心"项,如图5-26所示。

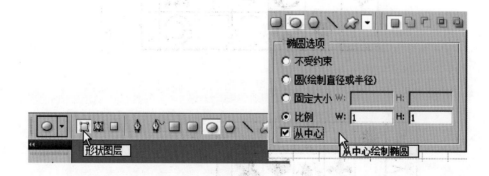

图 5-26

- 现在要开始绘制了,在绘制之前首先观察三元标志的特点是3个圆形,其圆心的连线为一个三角形,在图像中利用网格目测找到3个中心点。然后开始绘制第1个圆形,得到如图5-27所示的效果。
- 此时图层中出现了新的形状图层1,如图5-28所示。

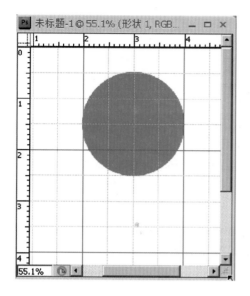

图　5-27　　　　　　　　　　　　　　　　　　图　5-28

- 再次选择椭圆工具,设置绘制的运算方式为"相加"类型,此时图像中的图标右下方也出现了一个加号,表示将在前面图形的基础上继续绘制图形。
- 同样继续绘制第3个圆形,观察图层会发现并没有生成新的图层,只是图层缩览图发生了变化,如图5-29所示。

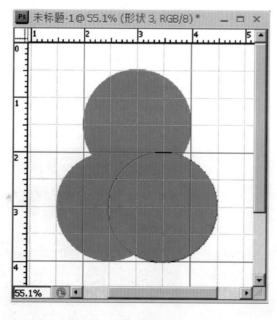

图　5-29

- 选择线形工具,设置运算类型为"相减"类型,像素宽度为15像素,如图5-30所示。
- 同样地,绘制其他两根线,得到如图5-31所示的效果。

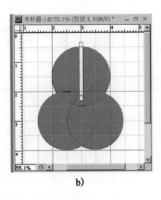

a)   b)

图　5-30

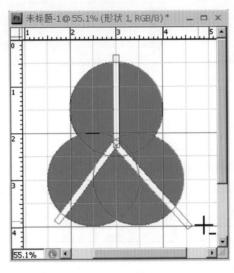

图　5-31

- 现在关闭网格和标尺显示,单击图层到背景层以消除路径的显示,得到最终的效果,如图 5-32a)所示,可以对比图 5-32b)所示的三元标志图。

a)   b)

图　5-32

任务2　网站引导页设计制作

引导页效果如图 5-33 所示。

图　5-33

任务实施

1. 新建一个空白面板,设置宽度为 1000 像素,高度为 768 像素,分辨率为 150 像素,如图 5-34 所示。

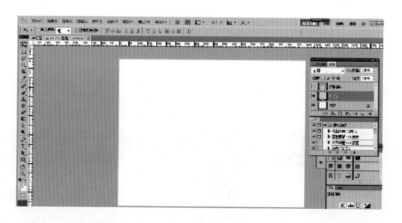

图　5-34

2. 在新建面板中新建一个图层,福·印象的主色调是红色,为了突出标志,将引导页的背景色设置为灰色。为了不使页面过于平淡,做一个渐变填充,选取工具栏中的渐变工具(G)选取径向渐变,选取白色到灰色的渐变,点击确定回到图层,在图层中部拉取渐变,如图 5-35 所示。

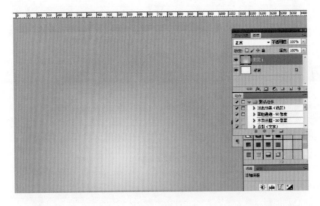

图 5-35

3. 双击空白处,打开新图片,新建背景副本,在背景副本上进行操作,如图 5-36 所示。

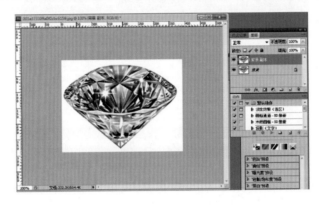

图 5-36

4. 要选取中间的钻石,背景色是全部白色,就选用魔棒工具(W)选取白色区域,按 Ctrl + Shift + I键反选,选中钻石,如图 5-37 所示。

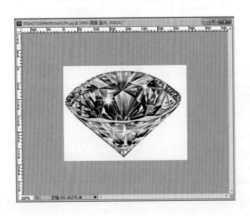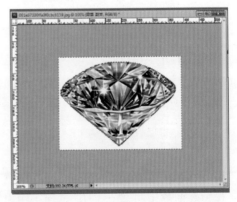

图 5-37

5. 切换为移动工具(V),将选区内容移至刚做好的背景图中,按 Ctrl + R 键拉出标尺,调整到合适位置,按 Ctrl + T 键调整大小,按 Shift 保持原比例缩放,如图 5-38 所示。

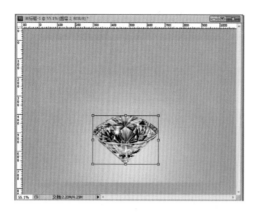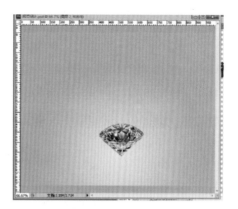

图　5-38

6. 重复步骤 3 ~ 5,将标志和字体移入图中,如图 5-39 所示。

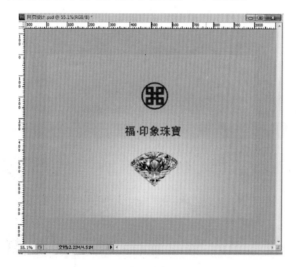

图　5-39

7. 用铅笔工具画出一条与文字同长的线,复制于文字上下,如图 5-40 所示。

图　5-40

知 识 链 接

图形工具创建的三种类型

形状工具在创建的时候提供了 3 种不同的绘图状态,从左至右分别为形状图层、路径和填充像素。

(1)形状图层是带有图层矢量蒙版的填充图层,绘制的时候会在图层中产生新的图层。

(2)路径的创建结果不在图层,而是新的工作路径。

(3)使用填充像素可在背景层或普通层中使用前景色生成像素颜色。

图形的运算

和选择工具一样,图形工具也可以进行运算。

任务 3　网站主页设计制作

引导页的效果如图 5-41 所示。

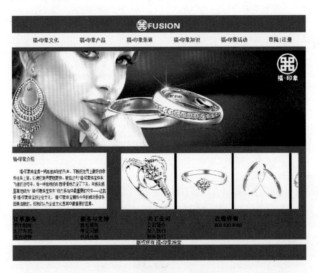

图　5-41

任 务 实 施

1. 新建一个空白面板,设置宽度为 1000 像素,高度为 1500 像素,分辨率为 150 像素,主色调是红色,将背景色填充为红色,按 Alt + Delete 键填充前景色,按 Ctrl + Delete 键填充背景色。如图 5-42 所示。

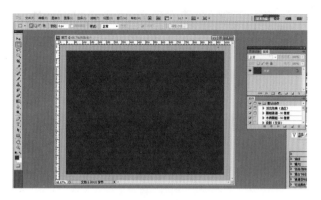

图 5-42

2. 双击空白处,打开新图片,新建背景副本,在背景副本上进行操作。用魔棒工具(W)选取 LOGO,因为网页的背景色是红色,所以将 LOGO 填充为白色。按 Ctrl + Delete 键将 LOGO 填充为白色。切换为移动工具(V),将选区内容移至刚做好的背景图中,按 Ctrl + R 键拉出标尺,调整到合适位置,按 Ctrl + T 键调整大小,按 Shift 键保持原比例缩放,得到如图 5-43 所示效果。

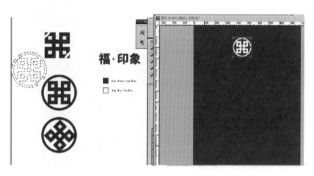

图 5-43

3. 为了方便调整,我们每做一个图形都要新建一个图层。新建图层,用选框工具(M)画出一个矩形条作为导航,填充白灰色渐变,如图 5-44 所示。

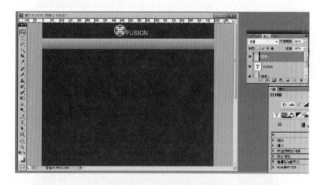

图 5-44

4. 选取文字编辑工具 T,将文字输入,在文字编辑状态下,按 Ctrl + T 键对文字进行调整,如图 5-45 所示。

图 5-45

5.双击空白处,打开新图片,将之前选取并设计好的图片移入背景图中,如图5-46所示。

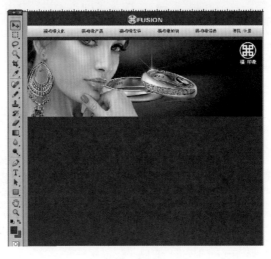

图 5-46

6.新建图层,用选框工具 M 根据标尺绘制一个宽为 320 像素的矩形,填充为白色,如图 5-47所示。

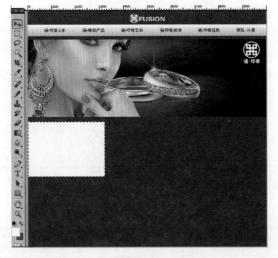

图 5-47

7. 将刚制作好的导航条复制下来,按 Ctrl + T 键变形,调整为合适的长度,重复步骤 4 将文字输入调整,如图 5-48 所示。

图　5-48

8. 双击空白处,打开新图片,将之前选取并设计好的图片移入背景图中,如图 5-49 所示。

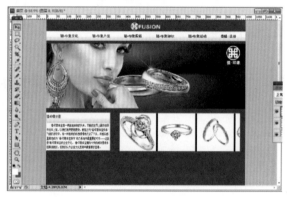

图　5-49

9. 选取文字编辑工具 T, 将文字输入,在文字编辑状态下,按 Ctrl + T 键对文字进行调整。首页设计完成,效果图如图 5-50 所示。

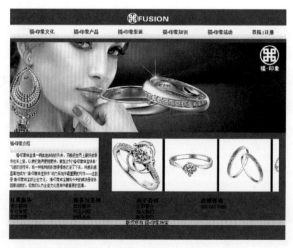

图　5-50

知识链接1

钢笔工具的使用

钢笔工具可供创建精确的直线和平滑流畅的曲线,可以绘制大自然中人们看到的任何事物的形状。钢笔工具在为绘制提供了最佳的控制和最大的准确度的同时,也带来了一定的学习难度。如果读者是刚刚接触钢笔工具,那么可能会一下子难以适应而不知所措,但只要多加练习,掌握它也不是很难的事情。

1. 基本设置

如图 5-51 所示,钢笔工具一共有 5 种,我们重点掌握钢笔工具和转换点工具。另外还有两个选择路径的工具"路径选择工具"和"直接选择工具"。

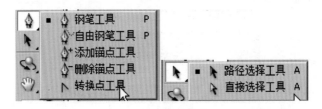

图 5-51

和图形工具一样,钢笔工具也有 3 种不同的绘图状态。从左至右分别为形状图层、路径和填充像素,如图 5-52 所示。

图 5-52

2. 用钢笔绘制直线和曲线

1)绘制直线路径

使用钢笔工具绘制的最简单路径是直线路径。在工具箱中选择钢笔工具,在要开始绘制路径的位置单击确定第 1 个锚点,挪一定位置再次单击确定第 2 个锚点,得到一个直线路径,同理不断单击增加锚点,最后需要闭合的时候可回到第 1 个锚点上单击,以实现用钢笔绘制的直线路径。

提示:单击时按住 Shift 键,可将线段的角度限制为 45°的倍数。

2)绘制曲线路径

将钢笔工具按需要的形状拖动可以创建曲线。可以说,路径之所以功能强大,正是因为它绘制圆滑曲线的能力,这也是路径的关键所在。

绘制一条曲线路径的方法如下所述:

- 选择工具箱中的钢笔工具。
- 在曲线第1点处单击鼠标，按住鼠标左键不放，第1个锚点会出现，拖动鼠标，鼠标指针会变为一个箭头。
- 沿着所需要绘制曲线的方向拖动鼠标导出方向线，然后松开鼠标左键，如图5-53所示。

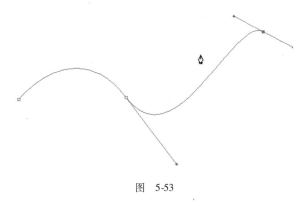

图　5-53

3. 结合路径面版使用

路径是 Photoshop 中非常有用且非常重要的工具。路径主要用于进行光滑图像选择区域及辅助抠图、绘制光滑线条、定义画笔等工具的绘制轨迹、输出输入路径及选择区域之间转换。如图5-54所示。在辅助抠图上的应用突出显示了路径强大的可编辑性，具有特有的光滑曲率属性，与通道相比，有着更精确更光滑的特点。当用钢笔工具画了一条路径后，可以对其随意地编辑修改，可以添加或删除锚点、改变曲线的高度和方向，甚至可以把直线变成曲线、把曲线变成直线。

图　5-54

如果从未接触过 Photoshop 或其他绘图软件的路径工具，那么一开始可能会对它不知所措，感到非常难于控制。但是，经过一段时间的练习之后，就可以用钢笔工具画出完美的路径。要知道，许多 Photoshop 的专业用户几乎不用别的选取工具，只用钢笔工具。而且现在，几乎所有的图形图像软件都添加了绘制 Bezier 曲线的工具，所以掌握路径工具是势在必行的。

知识链接 2

路径的创建

路径提供了一种有效的精确绘制选区边界的方法。路径是使用工具箱中的钢笔、磁性钢笔或自由钢笔工具绘制的任何线条或形状。与自由铅笔或其他绘画工具绘制的位图图形不同,路径是不包含像素的矢量对象。因此,路径与位图图像是分开的,不会打印出来。

如果已创建了一个路径,可以将其储存到路径面板中,将其转换为选区边框,或者用颜色填充或描边路径。另外,还可以将选区转换路径。由于路径占用的磁盘空间比基于像素的数据要少,路径可以作为简单蒙版长期储存。

知识链接 3

通道的运用

打开如图 5-55 所示的图片,可以看到通道面板上有 RGB、Red、Green、Blue 4 个通道。这种通道被称为颜色通道,用来保存图像的颜色数据。每一种色彩模式对应着相应的通道,图像中默认的颜色通道数取决于其颜色模式,如 RGB 色彩模式有 4 个通道,一个用以查看效果的 RGB 混合通道,其他的是单独存储红、绿、蓝信息的通道。

图 5-55

如果是 CMYK 色彩模式,则有 5 个通道,一个用以查看效果的 CMYK 混合通道,其他的是单独存储青、黄、黑信息的通道。

任务 4 个人博客网站设计制作

在本次任务中,我们将从一个空白的页面开始,一步步地设计制作出一个具有现代感的博客网站的界面。

完成效果图如图 5-56 所示。

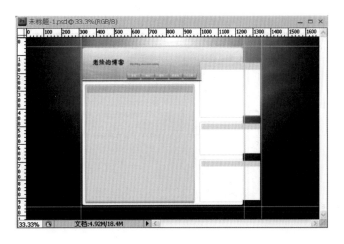

图 5-56

任 务 实 施

1. 创建一个 1680 像素 × 1024 像素的空白图像,分辨率为 72 像素/英寸,颜色模式为 RGB,如图 5-57 所示。此分辨率及颜色模式为标准的显示器设置,因为我们的网页是通过显示器来进行浏览的。

图 5-57

2. 首先我们来处理页面的背景。打开一张牛皮纸素材的图片,拖动复制到空白文档中,执行 Ctrl + T 自由变换命令将其铺满画面,如图 5-58 所示。

3. 执行快捷键 Ctrl + Shift + U 对牛皮纸图层进行去色操作,然后执行“滤镜→模糊→高斯模糊”命令对其进行模糊处理,如图 5-59 所示。

4. 将图层 1 隐藏。选择背景层,再选择渐变工具,将渐变颜色调整为“白—蓝—绿—黑”,渐变方式为“径向渐变”,从画面上方向下进行拖动,创建出如图 5-60 所示的效果。

图 5-58

图 5-59

图 5-60

5. 激活图层 1,并将其图层混合模式修改为"叠加",如图 5-61 所示。

6. 在网页设计中合理地设定用户显示器范围是网页布局的一个重要步骤。根据目前显示器的最低配置以及流行的网页设计标准,将主显示区域大小设定为 1024 像素×768 像素比较妥当,这样可以避免网页在一些低配置显示器上无法完全显示。为了方便规划,首先执行"视图→标尺"命令,使画面上出现标尺,然后用鼠标右键在标尺上单击,在弹出的菜单中将显示单位修改为像素,如图 5-62 所示。

图　5-61

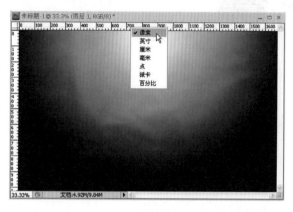

图　5-62

7. 按住鼠标左键,从标尺上向画面中拖动,即可出现参考线。根据测算,从左侧标尺向画面中分别拖动到 328 像素和 1352 像素处,两条参考线之间的距离即可达到 1024 像素且在画面中水平居中对齐;再拖动出一条参考线至 1250 像素处。垂直方向上,由于我们浏览网页都是垂直滚动画面,所以参考线不必精确设定。这样就初步完成了网页的布局规划,如图 5-63所示。

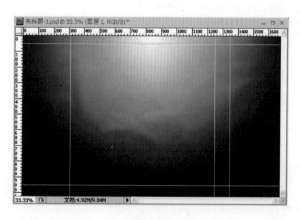

图　5-63

8. 将前景色设定为白色;使用圆角矩形工具,在如图 5-64 所示的参考线之间创建一个圆角半径为 20 像素的圆角矩形。

图 5-64

9. 单击图层控制面板下方的按钮,为圆角矩形添加一个"描边"样式,大小为 8 像素,混合模式为叠加,不透明度为 30%,颜色为白色,这样就会有一个很酷的透明效果;再勾选"内发光"样式,大小为 5 像素,颜色为白色,这样会使边线产生一个很细微的倾斜效果;最后添加一个外发光,颜色为黑色,15% 的不透明度,混合模式为正片叠底,于是一个淡淡的内容区的阴影就这样出现了。如图 5-65 所示。

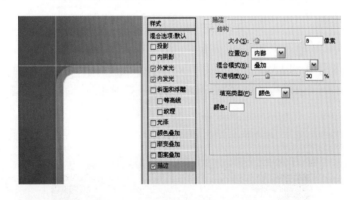

图 5-65

10. 再次将牛皮纸素材拖动复制到网页文档中,执行"色相→饱和度"命令,将牛皮纸调为蓝绿色;按 Ctrl 键用鼠标在圆角矩形所在图层单击以提取选区,执行"选择→修改→收缩"命令,在弹出的"收缩选区"对话框中将收缩量设为 8 像素;执行快捷键 Ctrl + Shift + I 翻转选区后进行删除操作,即为内容区添加了一个头部,如图 5-66 所示。

11. 将前景色设定为白色,使用铅笔工具在头部的下边绘制一条白线;双击头部所在的图层 2 前的缩略图,为头部添加一个投影效果,如图 5-67 所示。

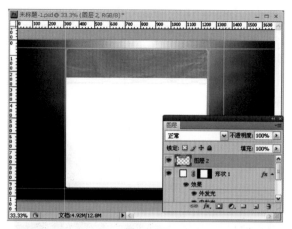

图 5-66

图 5-67

12.再新建一个图层；按 Ctrl 键用鼠标在头部所在图层单击提取选区,将选区填充白色;单击图层控制面板下方的按钮为图层 3 添加图层蒙版,使用渐变工具,将渐变颜色调整为黑白两色,渐变方式为"线性渐变",从画面上方向下进行拖动,得到如图 5-68 所示的效果。

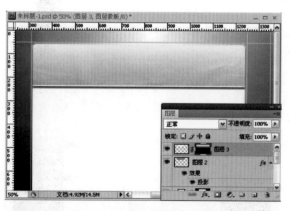

图 5-68

13.再新建一个图层,使用矩形工具在页面的右侧,以最右边的参考线为界,绘制一个白色的矩形;选择"形状 1"图层,在该图层上单击右键,在弹出的菜单中选择"拷贝图层样式",然后在新创建的"形状2"图层上右键单击,在弹出的菜单中选择"粘贴图层样式",即得到与主内容框相同的样式效果,如图 5-69 所示。将此作为网页的一个侧边栏。

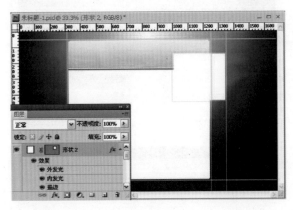

图　5-69

14. 使用同样的方法再添加两个侧边栏,如图 5-70 所示。

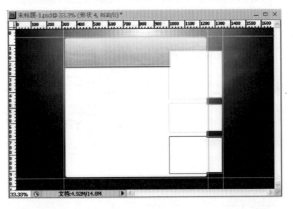

图　5-70

15. 再创建一个博文栏,将该栏颜色设定为 10% 的灰色。为所有栏目添加标头栏,相对于本栏颜色,标头栏颜色都是高出 10% 的灰色,如图 5-71 所示。

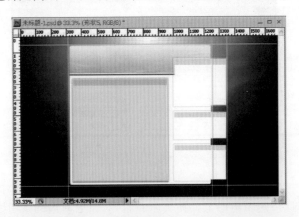

图　5-71

16. 再使用矩形工具制作五个导航按钮，并在上面添加上"首页""博文""图片""留言板""个人档"等文字，最后添加上博客主页的名称，一个具有现代风格的博客页面框架就制作完成了，如图 5-72 所示。

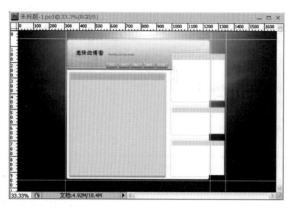

图 5-72

知 识 链 接

1. 利用通道进行选取

Photoshop 储存在单个颜色通道中的颜色信息，例如 RGB 图像的红色、绿色和蓝色值，对于选区很有帮助。通常，在某种颜色通道内，对象与周围环境的对比要比在其他的通道内强烈。如图 5-73 所示分别是一副图像在 RGB（红、绿、蓝）混合通道、红色通道、绿色通道、蓝色通道里的颜色对比显示。

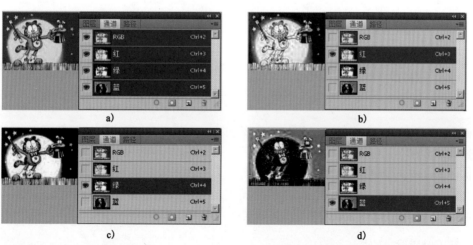

图 5-73

- 我们观察到在红色通道内对象对比最强，所以把通道名拖到面板底部的创建新通道的按钮上，复制该通道，并生成一个"红副本"通道。

• 选择"红副本"通道,单击菜单中的"图像→调整→色阶"命令,弹出如图 5-74 所示的对话框,调整对话框中的小滑块增强图像的明暗对比度,得到增强的"红副本"通道。

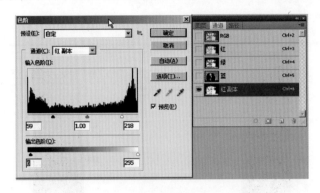

图 5-74

• 将鼠标放在"红副本"通道名称上按住 Ctrl 键单击,则"红副本"通道的选区加载了进来。

• 回到图层面板,单击新建图层面板 1,调整一个前景色,比如暗红色,然后单击"编辑→填充"命令,则得到了如图 5-75 所示效果。

图 5-75

2. Alpha 通道存储选择区域

除了颜色通道外,Photoshop 还能给图像添加 Alpha 通道,其不同于颜色通道,主要是用来存储选择区域的。

Spot Channel(专色通道)主要用在印刷行业。有些图像效果不是普通的 CMYK 四色印刷所能达到的,需要添加一些特殊性质的油墨,专色通道可以用来保存这些特殊的油墨。每个专色的通道是一个单独的印版,以便印刷时对这些特殊油墨进行单独处理。

3. 通道的基本操作

1)新建通道

方法一是在通道面板里单击按钮,可创建新的通道 Alpha 1。如图 5-76 所示。

图　5-76

　　方法二是创建一个新文件,用椭圆选框工具在上面画一个椭圆形选区,然后单击通道面板下部的"把选区作为通道保存"按钮,可以看到通道面板中多了一个 Alpha 1 通道,椭圆选区就保存在 Alpha 通道里面。这样在以后的设计过程中可以随时通过载入 Alpha 1 通道来调用这个选区。如图 5-77 所示。

图　5-77

　　保存选区有两种方法:其一是创建选区后,单击通道面板下部的"把选区保存为通道"按钮,选区就会自动产生一个通道来保存选区;其二是选择"选择"菜单下的"保存选区"命令会打开"保存选区"对话框。

2)通道面板

通道面板中的各按钮和图标作用如图 5-78 所示,具体内容如下所述。

图　5-78

- "把通道转为选区"按钮:该按钮把在当前通道中做的编辑转为选区。与蒙版一样,黑色表示非选择区,白色表示选择区。
- "把选区作为通道保存"按钮:该按钮为了使在彩色模式下创建的选区以后可以继续使用,把该选区转在通道中保存。
- "新通道"按钮:创建一个新 Alpha 通道。
- "删除通道"按钮:删除当前选择的通道。

3）拆分及合并通道

通道面板提供了一个功能强大的命令,该命令允许将彩色图像中的通道拆分到不同的文件中。拆分通道后,就可以分别编辑每个通道,然后将它们合并起来。

执行通道面板菜单中的"分离通道"命令,可以把彩色图像的每一个通道转换成独立的灰度图,同时关闭原图像。

执行面板菜单中的"合并通道"命令可以将不同的通道灰度图合并为一幅图像。要求必须是灰度图,而且长和宽(以像素为单位)都要相等。

- 打开任意一幅彩色图像。
- 执行通道面板菜单中的"拆分通道"命令,把原图的三个彩色通道拆分成 3 个灰度图。
- 从上面拆分的 3 个灰度图中选择一个,然后执行通道面板菜单中的"合并通道"命令,
  弹出"合并通道"对话框。

在"合并通道"对话框中,单击"确定"按钮后将弹出相应的"合并 RGB 通道"对话框,单击"确定"按钮,结果又恢复到彩色的 RGB 图像。

4）利用通道合成图像特效

(1)应用图像命令

选择"图像"菜单下的"应用图像"命令,弹出如图 5-79 所示的对话框,可在两张彩色图片之间产生自然融合的效果。

图 5-79

(2)运算命令

选择"图像"菜单下的"运算"命令能使图像的混合通道和 Alpha 通道之间产生特殊的图像效果,与"应用图像"命令非常类似;所不同之处在于"运算"命令操作的可以是两个源文件,而"应用图像"命令操作一个源文件。

"运算"命令产生的图像效果是黑白灰的,而"应用图像"命令产生的结果在图层上。

"运算"命令和"应用图像"命令也有相同的地方,即进行运算的两张原图片的文件大小必须一样,否则无法执行运算。

【项目小结】

矢量图形工具和钢笔工具的使用是 Photoshop 的一大特色,在设计平面作品的时候它们的

使用频率非常高,所以希望大家多多练习,特别是难度较大的钢笔工具。

　　通道是 Photoshop 中比较特殊的一项功能,除了本项目提到的两个重点功能之外,还能结合菜单命令"运算"命令和"应用图像"命令在两个图像中产生特殊的合成效果,另外通道还可以结合滤镜的光照效果产生特殊的效果。

　　颜色通道存储颜色,Alpha 通道存储选择区域。

【项目作业】

1. 利用 Alpha 通道制作火焰字效果。如图 5-80 所示。

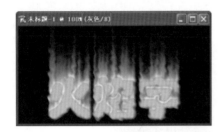
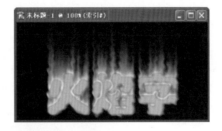

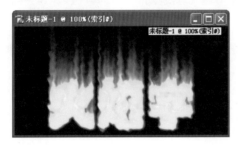

图　5-80

2. 使用钢笔工具绘制一个曲线形的班级标志。

3. 项目实战练习——班级网站页面设计。

项目六　3D 效果图后期处理

【项目描述】

用 3DSMAX 软件渲染的室内和室外效果图,手法比较繁复,但效果并不理想,所以对效果图进行后期处理是效果图制作的重要一步。后期处理包含对效果图色调的调整,对灯光和渲染的处理,对植物、人物等相关细节的处理等。利用 3DSMAX 等三维设计软件制作的室外效果图,基本上都要到 Photoshop 当中去完成环境、人物等复杂场景的添加合成。

效果图前期制作完成之后,如果没有很好的美工修图,调整和完成配套的内容,效果图也不会完整,因此效果图后期处理是显示一个 3DS 效果图效果好坏的关键。在本项目中,将给大家介绍比较常见的室内、室外效果图后期处理合成过程,同时提供解决这类任务的思路和设计处理办法。

【设计任务】

- 室内效果图灯带效果设计。
- 室内效果图后期修饰。
- 室外效果图后期合成。

【学习目标】

- 图案的设置、保存和填充。
- 笔刷的设置和使用。
- 综合应用填充工具能力。
- 灵活应用图层的多种运算能力。
- 液化滤镜及冻结的使用。
- 透视、变形、斜切命令的综合使用。
- 了解色彩模式的分类。
- 不透明度调整的应用。

【考核标准】

- 内容完整。
- 室内色调合理。
- 室内效果图的灯带制作与室内效果协调一致。
- 室内效果图的细节完整,如花、人、绿植等。
- 透视比例符合人机工程学。

● 色彩搭配合理,层次分明。

任务1　认识室内效果图灯带效果

用3DSMAX软件渲染的室内效果图,效果比较单一,缺乏必要的灯带效果来烘托室内的温馨气氛。在本项任务中,将通过路径描边和画笔工具,并结合图层混合模式,为室内效果图添加比较复杂的灯带效果,使效果图产生出更好的效果。

设计任务完成效果图如图6-1所示。

图　6-1

任务实施

1.打开如图6-2所示的室内效果图。

图　6-2

2.选择钢笔工具,并确保工具选项栏中为"路径"方式,在效果图中灯带石膏板的边缘处勾出路径,如图6-3所示。

图 6-3

3. 新建一个图层,并使之处于被选中的状态,如图6-4所示。

图 6-4

4. 选择画笔工具,并设定其画笔笔触直径为65,硬度为0;将前景色调整为需要的灯带颜色,如图6-5所示。

图 6-5

5. 单击路径控制面板上的"用画笔描边路径"按钮,即得到以设定好的画笔笔触及前景色沿着路径描边的效果,如图 6-6 所示。

图 6-6

6. 再次选择钢笔工具,沿原路径的结束点继续绘制路径并回到路径起点闭合路径,如图 6-7所示。

图 6-7

7. 单击路径控制面板下方的"将路径作为选区载入"按钮,将路径转换为选区;单击键盘上的 Delete 键删除选区内的内容,如图 6-8 所示。

图 6-8

8. 用橡皮擦工具处理灯带两端边缘较硬的部分,然后将图层 1 复制一层,并使用色阶命令将其亮度加大,如图 6-9 所示。

图　6-9

9. 交换一下图层次序,再将图层 1 的图层混合模式修改为"叠加",最终效果如图 6-10 所示。

图　6-10

知 识 链 接

1. 色彩模式

在 Photoshop 中处理的每一个图像都有一个基本的色彩模式属性,这个属性决定了显示和打印 Photoshop 图像的色彩模型。在 Photoshop 中常用的色彩模式有 RGB、CMYK、Lab、灰度、双色调等,不同的色彩模式所定义的色彩范围不同,其通道数目和文件大小也不同,最重要的是它们应用方式的不同。

色彩模式可以在新建一个文件的时候进行设定,如图6-11所示。

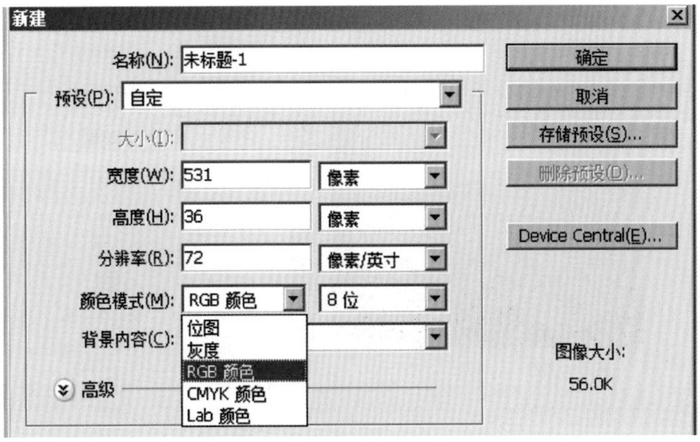

图　6-11

在文件制作过程中如果需要改变色彩模式,请选择"图像"菜单中"模式"下的相关命令,如图6-12所示。

图　6-12

下面介绍几种最常用的色彩模式特点,以便合理有效地利用其为我们工作。

1)RGB色彩模式

RGB色彩模式是Photoshop中使用的最多的一种色彩模式。RGB分别指的是红色、绿色蓝色,当三色以最大值叠加到一起便会产生白色,因此也称为加色模式,电视、显示器和扫描仪都是应用RGB色彩的装置。如果出版物用于在Internet上发行,也应该采用RGB色彩模式来设置颜色,如图6-13所示。

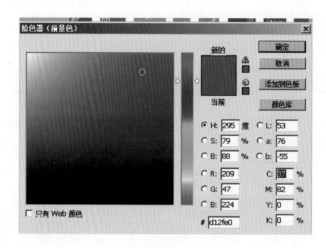

图 6-13

另外,RGB 色彩模式是唯一能够最大限度发挥 Photoshop 软件功能的色彩模式,而其他的色彩模式均受到了或多或少的限制。

2)CMYK 色彩模式

CMYK 色彩模式是一种专业的用于印刷的色彩模式。CMYK 分别指的是青、品、黄、黑,当四色以最大值叠加到一起便会产生黑色,因此也称为减色模式。在印刷过程中,使用青、品、黄、黑四色油墨,通过控制墨量多少,四色叠加能够产生各种颜色。因而青、品、黄、黑四色油墨被称为印刷色。每种油墨都有自己的一组印刷网点,四组印刷网点在眼睛的视网膜上混合形成各种颜色。

CMYK 色彩模式搭建了 Photoshop 和平面设计之间的桥梁,是一种非常重要的色彩模式,我们可以总结其为"印刷四色模式"。

3)其他色彩模式

(1)Lab 模式

Lab 模式通过 A、B 两个色调参数和一个光强度来控制色彩,A、B 两个色调可以通过 $-128 \sim +128$ 之间的数值变化来调整色相,其中 A 色调为由绿到红的光谱变化,B 色调为由蓝到黄的光谱变化,光强度可以在 $0 \sim 100$ 范围内调节。当 RGB 和 CMYK 两种模式互换时,都需要先转换为 Lab 模式,这样才能减少转换过程中的损耗。

(2)Grayscale 灰度色彩模式

灰度模式就是用 $0 \sim 255$ 的不同灰度值来表示图像,0 表示黑色,255 表示白色,灰度模式能够很好地再现自然界的景观,但是灰度模式的图像是没有彩色的颜色信息的,一般黑白报纸广告用得比较多。

灰度模式可以和彩色模式直接转换。

(3)Bitmap 位图模式

位图模式只有黑白两色,图像色彩非常单一,因此这种模式的图像所占的磁盘空间是最小的。

只有灰度模式可以转换位图模式,所以一般的彩色图像需要先转换为灰度模式后再接着转换为位图模式。

（4）索引色彩模式

索引色彩模式使用 0～256 种颜色来表示图像。当一副 RGB 或 CMYK 的图像转换为索引颜色时，Photoshop 将建立一个 256 色的色表来储存此图像所用到的颜色，因此索引色的图像占用硬盘空间较小，但是图像质量不高，适用于多媒体动画和网页图像制作。

（5）HSB 色彩模式

HSB 模式将色彩分解为色相、饱和度、亮度，其色相沿着 0°～360° 的色环来进行变换，只有在色彩编辑时才可以看到这种色彩模式。

2.色域

色域是一个色系能够显示或打印的颜色范围。人眼所看到的颜色种类比任何色彩模式中的色域都宽。

在 Photoshop 中，Lab 色彩模式的色域最宽，它包括 RGB 或 CMYK 色域中的所有颜色。RGB 色域包括在计算机显示器或电视屏幕上所有能显示的颜色。

CMYK 色域较窄，仅包含印刷油墨能打印的颜色。当不能被打印的颜色在屏幕上显示时，则称为溢色——即超出 CMYK 色域之外。打开一张 RGB 色彩模式的图，选择"视图"菜单下的"色域警告"命令，则会在超出 CMYK 色域的地方呈现出灰色。

3.色彩深度

计算机里的数据无论是文字、声音、图片还是音像等都是用二进制来表示的，上面所提到的位图模式就是一个 1 位位深的图像，因为位图模式只有黑和白两种颜色，即 2 的一次方。通常在 Photoshop 里处理的图像的位深是 2 的八次方，即表示每个像素可有 256 种颜色的变化，显然 8 位的图像更加精美。Photoshop 也能打开 16 位的图像，但是 16 位的图像在操作上受到诸多的限制，如不能使用画笔、渐变工具，大部分滤镜功能也不能使用，甚至连移动工具也不能使用，此时可以对它的位数进行转换，选择"图像"菜单中"模式"下的"8 位/通道"命令即可。Photoshop 安装目录中的 Samples 文件夹里的一张 16 位图像，读者可以将其转换成 8 位的图像，注意观察转换前后 Photoshop 对它所能进行的操作的区别。

提示：Phtoshop 安装好后在安装目录下有一个默认的 Samples 文件夹，它是专门用来存储示范图例的。

4.通道和色彩模式的关系

每一种色彩模式对应相应的通道，图像中默认的颜色通道数取决于其颜色模式，如 RGB 色彩模式有 4 个通道，一个用以查看效果的 RGB 混合通道，其他的是单独的存储红、绿、蓝信息的通道，如图 6-14 所示。

如果是 CMYK 色彩模式，则有 5 个通道，一个用以查看效果的 CMYK 混合通道，其他的是单独的存储青、品、黄、黑信息的通道。

除了颜色通道外，Photoshop 还能添加 Alpha 通道，其不同于颜色通道，主要用于存储选择区域，这一点会在后面的相应章节里进行详细讲解。

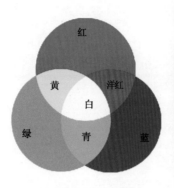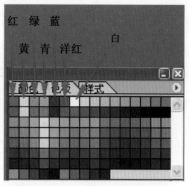

图 6-14

任务 2　室内效果图后期修饰

用 3DSMAX 软件渲染的室内效果图,由于手法比较繁复而效果并不理想,所以通常都不会直接带有人物等内容,而是通过在 Photoshop 中进行后期合成来完成效果。

设计任务完成效果图如图 6-15 所示。

图 6-15

任务实施

1. 打开如图 6-16 所示的室内效果图。

2. 打开如图 6-17 所示的植物和人物图片。大家会发现这两张图片的背景是灰白格相间的,说明它们是已经做好抠图的透明背景图片。这种可以在 3DMAX 效果图后期合成中使用的图片,可以很容易从各种渠道获得。

图　6-16

a)

b)

图　6-17

3. 使用移动工具将图 6-17 所示两张图片拖入效果图图片中,缩放至合适大小并摆放在合适位置,如图 6-18 所示。

4. 对两个倒影图层分别执行"编辑→变换→垂直翻转"命令,然后使用快捷键 Shift ＋ ↓(方向键),将倒影图像快速向下移动并与原人物和植物进行对齐;降低两个倒影图层的不透明度为 50％,如图 6-19 所示。

图 6-18

图 6-19

5. 打开一张水幕图片,将其拖动复制到效果图中(图6-20);将水幕图层适当缩放后摆放到画面偏左的位置;执行"滤镜→扭曲→球面化"命令,得到如图6-21所示的效果。

图 6-20

图　6-21

6. 在水幕图层上执行删除选区内容的操作,将水幕的多余部分删除;取消选区后将该图层的不透明度恢复至100%,再将其图层混合模式修改为"滤色",最终完成该效果图的后期合成,如图6-22所示。

图　6-22

知 识 链 接

1. 图像在 Photoshop 中的变形

变形操作在前面的项目中已经做了初步讲解。Photoshop 可以对图像进行任意变形,一般来说变形应该在普通的图层中进行,背景层由于默认被锁定,所以是不能执行变形类的命令的。图像的变换分为很多情况,如缩放、旋转、倾斜、透视等,如图6-23 所示,下面进行具体介绍。

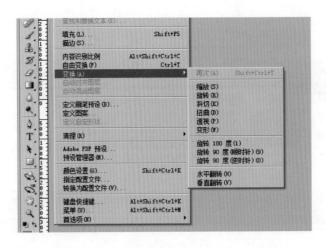

图 6-23

变换在"编辑"菜单下有两个命令,一个是"自由变换",还有一个是"变换"。"变换"又分成了很多个单独的变换命令,每个只能执行一种变换。而"自由变换"命令则几乎把所有的变形命令都集合起来了,如果对"自由变换"比较熟悉的话,就会发觉"变换"下的命令其实几乎不用理会。图 6-24 为变换的应用效果图。

图 6-24

执行"编辑"菜单下的"自由变换"命令或者使用快捷键 Ctrl + T,就可启动"自由变换"了,在图像中显示为一个有 8 个控制手柄的变换框围绕当前图层需要变形的图像的周围。在变换框中间单击鼠标右键可启动相关的命令,如图 6-25 所示。

图 6-25

1)缩放

Scale(缩放):拖动 8 个手柄中的 1 个,就可以对图像进行缩放。要按比例进行缩放,就按住 Shift 键不放,然后拖动 1 个手柄,如果要以中间的点为中心缩放就按住 Shift + Alt 键不放,然后拖动手柄。

2)倒转

Flip(倒转):按住 Alt 键不放,拖动 1 个手柄到其对面手柄的位置上,就可以把图像倒转。例如,把左边的手柄拖到右边手柄的位置上,就把图层水平倒转了;把上面的图像拖到下面的位置上,就把图层垂直倒转了。

3）旋转

Rotate（旋转）：把鼠标放到框外，然后拖动，就可以旋转图层。按住 Shift 键不放拖动，则每次旋转 15 度，如图 6-26 所示，也可通过右键命令中的"旋转 180 度"等命令来实现。

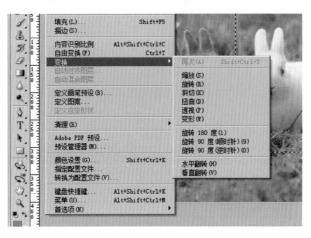

图 6-26

4）变形和扭曲

Distort and Skew（变形和扭曲）：按住 Ctrl 键不放，拖动 1 个手柄，就会产生变形和扭曲效果。拖动中间的手柄则做平行四边形变形，如图 6-27 所示。

图 6-27

5）透视

Perspective（透视）：按住 Ctrl + Shift + Alt 键不放，拖动一个角的手柄，就可以产生透视效果，如图 6-28 所示。

图 6-28

6）图像的倾斜

按住 Ctrl + Shift 键不放，拖动变换框的一个边线就可以产生倾斜的效果。

7）水平和垂直翻转

在变换框内右击可调用水平和垂直翻转命令对图像进行翻转操作，如图 6-29 所示。

图 6-29

注意 按 Esc 键就可取消所做的变换操作。

有关变形的系列命令，如下面案例"贴标签"所示。

（1）打开 logo 素材文件。使用魔术橡皮擦工具将背景的白底色擦除。如图 6-30 所示。

（2）打开包装箱素材文件，使用移动工具将标志拽到图中，按 Ctrl + T 调整标志大小并摆好标志位置。

（3）用多边形套索工具选取标志的上半部分，再次按下 Ctrl + T 快捷键，按住 Ctrl 键的同时鼠标向左拖动中间的节点，表示斜切图像。

（4）向下压缩高度。

（5）向右拉开宽度。

（6）在如图 6-31 所示的控制点位置，按住 Ctrl 键对它进行变形，进行调整形状。

图 6-30

图 6-31

（7）将图层 1 色彩混合模式设置为"正片叠底"，如图 6-32 所示。

图 6-32

（8）使用减淡工具，加亮标志上的折痕部分，使标志看起来更加逼真一些，如图 6-33 所示。

图　6-33

图 6-34 所示为应用效果图。

图　6-34

（9）同理，让我们把标志贴到"纸卷"和"杯子"上去，分别如图6-35所示。

图　6-35

8）改变变形的中心点

对图像进行变形的所有操作时，默认的中心点是在变换框的中间，在选项栏中，可以用鼠标单击图标上不同的点来改变中心点的位置。图标上的点和变换框上的点一一对应。还可以直接从变换框中拉出中心点到想要的位置，然后进行相应的变形。

2.高级变形命令

1）再次变形

再次变化命令可重复执行上次的变形操作。如图 6-36 所示中的乌龟的变形过程说明了这个道理：对 1 号乌龟执行了旋转和缩小的操作，2～4 号为乌龟不断执行 Ctrl + Shift + T 命令产生的效果。

图　6-36

2）实现再次变形的同时复制物体

这个命令在 Photoshop 中是找不到菜单命令的,只有快捷键 Ctrl + Shift + Alt + T 是变形的高级秘笈。使用它,可在"再次变形"的基础之上再复制当前的图层,如绘制一个钟表。

（1）新建一个 10 厘米 × 10 厘米,RGB 色彩模式,72 像素/英寸的文件。

（2）按下 Ctrl + R 键调出标尺,确定标尺单位为厘米。从标尺中拉出两根水平和垂直的参考线。

（3）使用渐变工具填充黑白渐变色到当前的背景层中。

（4）新建图层 1,使用椭圆选框工具在图像的中心点按住 Alt 键绘制一个圆形的选区。使用渐变工具填充一个渐变色。

（5）新建图层 2,对当前的选区选择"编辑"菜单下的"描边"命令进行描边。设置描边宽度为 5 像素。

（6）选择图层 2,单击图层面板下的按钮,在弹出的菜单中选择"斜面和浮雕"命令,如图 6-37所示。

（7）弹出"图层样式"面板,默认的情况下得到图 6-38 所示的浮雕效果。

图　6-37

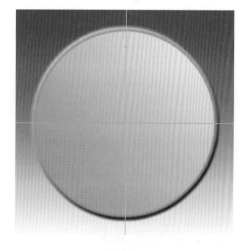

图　6-38

（8）选择文字工具 T,在图像中输入文字"12",注意设置段落属性为居中对齐,如图 6-39所示。

（9）按 Ctrl + T 键对文字层进行旋转,旋转前拖动变换框的中心点到画面的中心位置。

图　6-39

（10）在属性栏上设置旋转角度为 30 度，回车确定，如图 6-40 所示。

图　6-40

（11）使用快捷键 Ctrl + Shift + Alt + T，会发现文字层再次进行旋转，并且同时进行了复制。观察图层中出现了复制的图层副本，如图 6-41 所示。

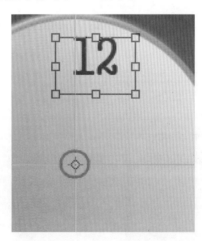

图　6-41

（12）使用文字工具修改文字的数值。

（13）新建图层，绘制一个圆点。

（14）按下 Ctrl + T 键对小圆点进行旋转，旋转前拖动变换框的中心点到画面的中心位置，设置旋转角度为 30 度。

（15）执行 Ctrl + Shift + Alt + T 键得到如图 6-42 所示效果。

图　6-42

3）精确的扭曲变形命令——液化

Photoshop 液化命令可对图像进行任意的变形效果,是一个非常有趣的命令。变形包括旋转扭曲、收缩、膨胀、映射等。我们可以轻松地利用该命令改变一个人的脸形、身材,做出哈哈镜的效果,在特异变形上它可以说是无所不能。

大家可以大胆尝试各种工具带来的神奇效果。

任务3　室外效果图后期合成

利用 3DSMAX 等三维设计软件制作的室外效果图,基本上都要到 Photoshop 当中去完成环境、人物等复杂场景的添加合成。在本实例中,将给大家进行一个比较常见的室外效果图合成演示。

设计任务完成效果图如图 6-43 所示。

图　6-43

任 务 实 施

1.打开如图6-44所示的住宅楼图片。这是一张非常典型的通过3DSMAX软件渲染出来的室外效果图,除楼房外观外,图片的其他环境部分都是3DSMAX场景默认的黑色。

图 6-44

2.打开通道控制面板,我们会发现,这种通过3DSMAX软件渲染出来的tga格式的图片,默认的情况下会自带一个Alpha通道输出,如图6-45所示。这个Alpha通道会自动将3DSMAX场景中的模型创建并保存成一个选区,这样我们在Photoshop中就会很轻松地完成楼体的抠图操作。

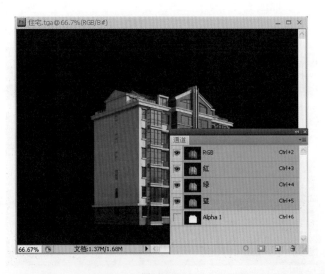

图 6-45

3. 按住 Ctrl 键的同时,用鼠标单击 Alpha 通道,图像中就会自动出现楼体的选区蚁线,再执行快捷键 Ctrl + J,则会自动将选区内容生成一个新的图层。将新图层的名称修改为"住宅楼1",如图 6-46 所示。

图　6-46

4. 打开"天空""绿地""路面"三张素材图片。这些图片都是已经完成了抠图处理的,通过上网下载或者去电脑城购买都可以很方便地获得这类素材。当然,也可以选择合适的图片自己进行抠图处理。将 3 张图片都拖动复制到效果图中,并按照如图所示的图层次序以及画面位置进行摆放,如图 6-47 所示。

图　6-47

5. 将"住宅楼1"图层进行复制,并将复制的图层更名为"住宅楼2"。执行 Ctrl + T 自由变换命令对"住宅楼1"和"住宅楼2"进行等比例缩放,并进行位置上的合理安排,以形成正确的画面透视,如图 6-48 所示。

6. 再打开"树01""树02""树03""树04"等 4 张图片,并将其依次拖动复制到效果图中,按照如图所示的图层次序、画面位置以及缩放比例进行操作,如图 6-49 所示。

7. 再打开一张"近景树"图片并拖动复制到效果图中,将其图层次序置于最顶层,执行 Ctrl + T自由变换命令调整其比例,将其摆放在画面的右上方,画面的层次感更加丰富,如图 6-50所示。

图 6-48

图 6-49

图 6-50

　　8.再打开一张"多人01"图片并拖动复制到效果图中,缩放至合适大小后摆放在画面右下角的长椅前。将该图层复制一层并更名为"多人01阴影",然后将其拖放到"多人01"图层的下方,执行 Ctrl + L 命令调出色阶控制面板,将其影像调整为黑色以模拟阴影效果,然后执行 Ctrl + T 自由变换命令调整阴影的方向,还可执行"滤镜→模糊→高斯模糊"命令将阴影进行轻微的模糊处理,最后将该阴影图层的不透明度修改为45%,即可模拟出比较真实的人物阴影效果,如图6-51所示。

图 6-51

9. 使用相同的手法,再分别将"多人02""多人03""单人01""单人02"等图片拖动复制到效果图中,如图6-52所示。

图 6-52

10. 再将"假山""汽车""飞鸟"图片拖动至效果图中,如图6-53所示。

图 6-53

11. 效果图中需要添加的元素基本完成。但是从整体上来看,画面仍然缺乏纵深感。新建一个图层并置于最顶端,将前景色和背景色设定为默认的黑白两色,使用渐变工具,将渐变颜色设定为"前景色到透明",在新建的"图层1"中自下而上拖动鼠标创建渐变色,将图层不透明度修改为30%后,即完成了该室外效果图的后期合成,如图6-54所示。

图 6-54

知 识 链 接

图层蒙版的相关知识

1. 蒙版是什么

"蒙版"是指将图片中不需要编辑的区域蒙起来,以避免这些区域受到任何操作的影响的一种功能。在蒙版中黑色区域表示被蒙起来的地方,白色区域表示可以编辑的区域。

2. 蒙版能做什么

蒙版能将多个本毫不相干的图片天衣无缝地合成在一个图片上,在平面广告和影视合成中有着重要的作用。常见的一些图片,我们可利用蒙版功能将它们非常自然地融合为最终需要的效果。

利用蒙版还可以制作彩色中心的图像效果,如图6-55所示。

1)创建蒙版

在Photoshop中可以通过多种方法生成蒙版,如通过菜单命令、图层面板的"添加图层蒙版"按钮等,也可以直接将选区转换为蒙版。如图6-56所示。

图　6-55

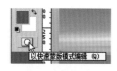

图　6-56

2）蒙版的停用

在图层蒙版的缩览图上按住 Shift 并单击鼠标左键，会出现红色叉号，表示蒙版功能被暂时停用。

3）蒙版的查看

在图层蒙版的缩览图上按住 Alt 并单击鼠标左键，会使当前图像文件显示蒙版的状态。

4）蒙版的删除和应用

将图层蒙版的缩览图拖到图层面板的垃圾桶图标上即可删除蒙版。注意弹出的面板会提示在删除蒙版之前是否决定将蒙版效果应用到图层中。

3. 图层样式的神奇效果

图层样式在 Photoshop 中的功能非常强大，利用它可以创造非常多的特殊效果，单击图层面板下面按钮选择阴影命令，读者可以看到图层的样式非常多，有投影、内阴影、外发光等，如图 6-57 所示。注意当前反蓝色的地方表示正在应用的样式效果，在面板的右边是对应的样式的参数。通常读者在使用这些样式的时候首先需要熟悉每种样式的参数设置，然后具体应用的时候只要灵活搭配使用就可以产生千变万化的效果。

● 阴影效果

"投影"用来制作阴影效果，在旧版本中制作阴影效果时，需要通过图层的叠加来实现；但利用图层样式中的"投影"，却是非常方便和迅速的。

图　6-57

创建一个新文件,然后输入文字,选择图层面板样式菜单中的"投影",就会打开图层样式对话框,这个对话框看起来很复杂,但真正有用的就是中间的一部分。

如果读者不喜欢黑色的阴影,还可以改变阴影的颜色,单击混合模式框后面的颜色框,就可以改变阴影的颜色。

改变"品质"下面的"等高线"选项也会产生一些不错的效果。制作好效果后,观察图层面板,会发现图层面板中把做好的效果加进去了。

"不透明度"控制整个图层中图像像素以及图层样式效果的透明度。而"填充不透明度"只控制图层中图像像素的不透明度,如图 6-58 所示。要理解这两个参数请参考如下的操作。

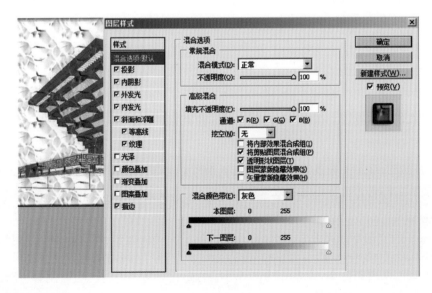

图　6-58

4.样式的控制

1)样式效果的控制

在阴影效果的后面有一个小三角,单击这个小三角,就可以把下面展开的效果收起来。

后面的 fx 表示这个图层使用了图层样式。

制作了效果后,还可以对图层效果进行修改,方法就是用鼠标双击图层中的效果按钮,就会打开原来使用时的对话框,然后就可以改变里面的各项值了。

如果制作了某种效果后,又不想这个效果了,就可以把它删除掉,方法是展开样式,然后用鼠标将效果拖放到垃圾箱中。

2)拷贝和粘贴图层样式

在图层面板中单击鼠标右键,从中选择"拷贝图层样式"命令可拷贝当前样式的效果。

然后可将样式复制到另外的图层中。方法是在目标图层面板中单击鼠标右键,从弹出菜单中选择"粘贴图层样式"命令。

3)样式的缩放

在粘贴图层样式的时候,由于应用的图像大小不同会发生效果的比例变化,此时我们需要对样式效果进行缩放。方法是在图层面板中图标的地方单击鼠标右键,从弹出菜单中选择"缩放效果"命令,改变"缩放"项后的比例数值即可实现效果的缩放。

5.图层样式面板的使用

1)存储图层效果

一个图层的样式做好以后,如果觉得需要将它存储起来用到其他的文件中,我们就可以打开样式面板进行存储。在面板单击左键会弹出存储样式的面板。

2)应用图层效果

确定后发现样式面板中出现新的样式图标。如果需要应用它到别的图层中只需选择一个图标,然后单击样式图标即可。

【项目小结】

在 Photoshop 中了解和掌握各种色彩模式的概念是非常重要的,因为色彩模式决定了一幅电子图像用什么样的方式在电脑中显示或打印输出。本项目重点涉及了几种最常用的色彩模式,其中 RGB 和 CMYK 这两种模式是重中之重,一个是针对屏幕显示的三色模式,一个是针对印刷的四色模式。

Photoshop 的变形功能是非常强大的,几乎达到了完美的地步,在 Photoshop 中我们可通过三个快捷键——Ctrl + T、Ctrl + Shift + T 和 Ctrl + Shift + Alt + T 来总结其变形功能分为三步进阶。另外加上精确的扭曲变形命令——液化,这就无所不能了。

【项目作业】

1. 参考本项目案例"贴标签",自己找其他的标志图形进行通过变形贴标签的练习。

2. 使用图 6-59 所示的素材照片,练习液化命令的各个按钮功能。

3. 案例实战练习。完成图 6-60 所示图片的后期修饰。

图　6-59

图　6-60

项目七　动画设计

【项目描述】

GIF 动画是目前 Web 页面广为采用的动画格式。在 WEB 页面中插入动画,能够使页面更美观,更具有欣赏性。GIF 动画是由一系列帧连续地播放出来,就产生了动画效果。制作 GIF 动画的方法有很多,使用 Photoshop 来制作动画可以产生很好的效果,而且在优化动画图像方面也能取得很好的效果。通过项目任务的实施,学生要掌握设计制作简单、直观、运行速度快的 GIF 动画,为后期网页的设计打基础。

滤镜是 Photoshop 的一个特色,其使用方法简单而效果丰富,是非常有趣的工具。在网页界面设计中,滤镜命令将为动画添加意想不到的效果。

【设计任务】

- 网页中雨的动画特效设计。
- 网页水珠滑落动画广告设计。
- 双 11 网站促销动画广告设计。

【学习目标】

- 动画帧的概念的理解。
- 动画帧的设置。
- 常见滤镜组合使用。
- 图像的综合应用。
- 模糊滤镜组的灵活应用。
- 阈值色阶的调整。
- 光照效果特效的制作。
- GIF 动画的保存和导出。
- 设置播放动画。

【考核标准】

- 广告设计有创意,吸引眼球。
- 要求设计画面要美观、平衡。
- 要求动画播放的画面要流畅。
- 画面一定要高清。
- 广告中 logo 要求体现显著。

● 用户要求的广告语表达清晰。

任务 1 网页中雨的动画特效设计

网页中经常会有动感的下雨效果用以烘托宣传对象的相关信息。本任务就是实现这样一个动感效果。设计同时引入录制动作这个关键知识点,要求学生真正能够掌握,并应用于实际设计创作中。

设计任务完成效果图如图 7-1 所示。

图 7-1

任 务 实 施

1.打开原图,如图 7-2 所示。

图 7-2

2.调出动作面板(Alt + F9),点击新建动作按钮,创建新建动作,命名为 rain。

3. 这时动作录制按钮变红，可以录制动作。如图 7-3 所示。

图　7-3

4. 复制图层副本。

5. 执行"滤镜→像素化→点状化"命令，如图 7-4 所示。

图　7-4

6. 执行"图像→调整→阈值"命令，阈值色阶值选择 255，获得黑白效果的图片，如图 7-5 所示。

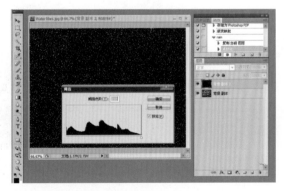

图　7-5

7. 执行"滤镜→模糊→动感模糊"命令，参数选择如图 7-6 所示。

8. 执行"滤镜→锐化→锐化"命令，呈现雨势急促的效果。

9. 将当前图层与背景层执行滤色运算，获得下雨的静态效果，如图 7-7 所示。

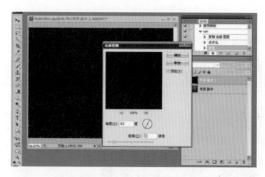

图　7-6

图　7-7

10. 动作录制结束。

11. 选择 rain 动作,点击运行,共运行 3 次,生成下雨的效果图层 4 个,如图 7-8 所示。

图　7-8

12. 打开动画面板。

13. 点击动画建立选项"从图层建立帧"。

14. 共 5 个图层,将多余的第一帧删除,设置每一帧的显示状态,如图 7-9 所示。

15. 设置每一帧的停留时间,获得下雨的动态效果,如图 7-10 所示。

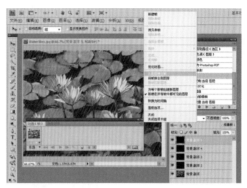

图　7-9

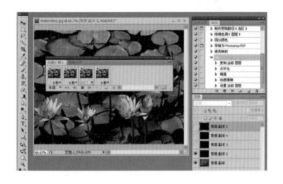

图　7-10

知 识 链 接

滤镜的介绍

滤镜是 Photoshop 的一个特色,使用简单而效果丰富,是非常有趣的工具。本项目重点掌握各类 Photoshop 滤镜命令的基本使用方法和技巧,包括外置滤镜的介绍等。如图 7-11 所示。

同时,还将讲解 Photoshop 在制作网页方面的强大功能,如制作 GIF 动画、为图像创建映射区域、切割网页图片等功能,为后续课程打基础。

1.滤镜的概念和使用滤镜的技巧

滤镜在 Photoshop 中主要用来生成图像的各种特殊效果。其中大部分命令的执行都非常简单易学,所以更重要的是自己不断练习以加强对它的熟悉程度。

滤镜命令虽然很多,功能各不相同,但是所有的滤镜都有以下的几个特点,了解它们能更加准确有效地使用滤镜功能。

Photoshop 在任何时候都针对一定的选择范围进行操作,如果没有定义选取范围则默认为对全部的图像进行操作。如果选择的是一个图层或通道,则只对当前图层或通道起作用。

有些滤镜效果使用的时候比较占用内存,为了提高工作效率,读者应做到:

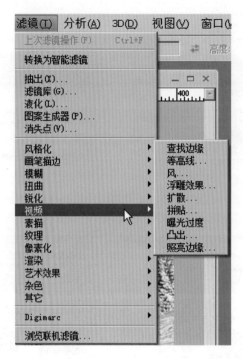

图 7-11

- 对图像的一小部分试用滤镜和设置。
- 单独对每个图像通道应用滤镜效果,例如对每个 CMYK 通道进行应用。
- 在低分辨率的图像上进行试用,记录下所用的滤镜和设置。然后应用在高分辨率的图像。
- 在运行滤镜前使用"编辑"命令下的"清除"命令释放内存。
- 执行完一个滤镜命令后,可按快捷键 Ctrl + F 以重复执行上一次的滤镜命令。如果按 Ctrl + Alt + F 则会打开上一次的滤镜命令的对话框以改变设置。参考以下案例。

(1)打开图片,对其执行"滤镜"菜单中"模糊"下的"动感模糊"命令,得到如图 7-12 所示的效果。

图 7-12

（2）选择"编辑"菜单下的"消褪"命令会弹出对话框,设置模式为"变亮",不透明度为90度左右,得到如图7-13所示的图像效果。

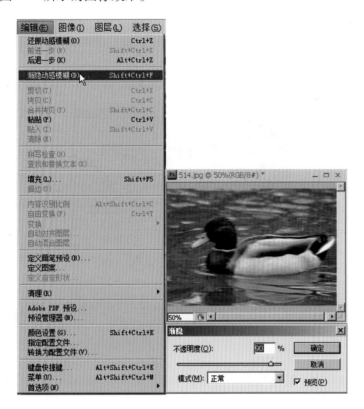

图 7-13

（3）执行动感模糊的效果和执行后果消褪的效果。

执行滤镜通常会花费非常多的时间,所以几乎所有的滤镜命令对话框都会提供预览图像效果的功能,从而节省了大量的宝贵时间,提高工作效率。

在对话框中,按住 Alt 键会使对话框中的"取消"按钮变成"重置"按钮,单击它可将设置的参数恢复到刚打开对话框的状态。

在位图和索引颜色的模式下不能使用滤镜,16 位/通道的图像下只有很少的滤镜可供执行。另外,不同色彩模式的图像的滤镜使用范围不尽相同。对文字图层和形状图层执行滤镜的时候,会提示先转换为普通层后才可以执行滤镜效果。

2. Photoshop 滤镜命令

Photoshop 的滤镜通常可归为两大类:校正性滤镜和破坏性滤镜。校正性滤镜是个常用工具,主要用于修改扫描图像以及为打印和显示准备图像,校正性滤镜都在模糊、杂色、锐化和其他几大类中。破坏性滤镜则产生一些急剧变化的结果,如果使用不当,就会把整个作品破坏,变得面目全非。大部分破坏性滤镜都在变形、像素化、渲染和风格化等几大类中。此外还有一个分离出来的就是效果滤镜,这些滤镜主要是为图像添加绘制和素描的效果,效果滤镜主要分布在艺术化、画笔描边、素描和纹理等几大类中。此外,还支持其他公司制作的第三方滤镜,安装了第三方滤镜后,会显示在滤镜菜单的底部。

1)模糊滤镜

模糊滤镜可以使图像变得朦胧一些,通过模糊可以降低图像的清晰度,减弱局部细节的对比度,从而使图像更加柔和。除了基本的功能之外,它还可以制作出具有方向性、速度感的模糊效果,就如同物体移动时所残留下来的图像。如图7-14所示,它包括以下6个滤镜:

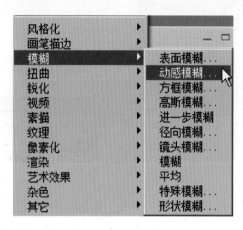

图　7-14

● 模糊

创建轻微模糊的效果,这种效果可以减少对比度和消除颜色过渡中的噪点。

● 加强模糊

效果为模糊的3～4倍。

● 高斯模糊

这个滤镜可以在对话框中通过设定半径的值来控制模糊程度,高斯模糊是一个用得比较多的滤镜,在前面的不少章节中也用到了这个滤镜。

● 动态模糊

动态模糊用来产生高速运动时的模糊效果,它允许控制模糊的方向和模糊的强度,在前面已经讲过它的用法。

● 径向模糊

它可以使图像从中心辐射出去,模拟前后移动相机或旋转相机拍摄物体产生的效果,达到类似放射一样的效果。

● 特殊模糊

这个滤镜的作用是模糊图像的低对比度部分而保留边缘不变。根据模式的不同,可以产生多种模糊效果,可以将图像中的褶皱模糊掉,或将重叠的边缘模糊掉。在特殊模糊对话框中,"半径"用来控制模糊效果的距离;"阈值"用来确定两相邻像素的差别多大时才认为是图像的边缘;"品质"用来控制边缘的平滑度,若选择"高"则质量最高,但速度最慢;"模式"用来选择模糊的模式,选择"边缘优先",则会使图像的边缘变白,其他部分变黑。

2）杂色滤镜

杂色滤镜除了可以为图像增加杂点之外,也可以去除扫描图像上的杂点和灰尘。如图 7-15 所示。

图 7-15

提示:使用扫描仪得到的印刷图片,会有很明显的交错四色网点,必须执行多次去除斑点,才能将网点去除。

● 添加噪点

在图像上添加随机的有色像素。添加噪点的对话框,"数量"用来控制噪点数,"分布"用来控制噪点的分布,有两个选项:均匀分布和单色。"单色"选项使噪点只影响原有像素的亮度。

● 去斑

能够在不影响图像轮廓的情况下,对细小、轻微的噪点进行柔化,从而达到去除噪点的效果。

● 蒙尘与划痕

可搜索图像或选区中的小缺陷,然后将其融入周围的背景中。

蒙尘与划痕对话框,"半径"用来定义清除的半径,半径值越大,则图像变得越模糊。"阈值"用来决定噪点与周围像素之间的差异,如果为零,则针对图像中的所有像素。使用这个滤镜时,要尽量保持半径和阈值之间的平衡,使图像既可以清除缺陷,又可以保持清晰。

● 中间值

该滤镜用噪点和周围像素的中间颜色作为两者之间的像素来消除噪点。滤镜对话框中只有一个"半径"选项,用来确定搜寻像素的距离。

3）锐化滤镜

锐化滤镜的作用是通过增加相邻像素的反差来使图像变得更清晰一些,提高图像的清晰度。

4 个锐化滤镜可以产生更大的对比度,使图像变得清晰。一般来说,通过执行"图像"菜单中的"图像大小"命令缩小图像和执行"编辑"菜单中"变换"子菜单中的"自由变换"命令扭曲图像后,使用这些滤镜能够使图像变得更清晰。如图 7-16 所示。

图 7-16

- 锐化:通过增加相邻元素的对比度来达到锐化。
- 锐化边缘:该滤镜只是锐化图像的边缘。这里图像的边缘是指具有强烈对比度的区域。
- 加强锐化:产生比锐化滤镜更强的锐化效果。
- USM 锐化:该滤镜采用模糊的负片与原片(正片)的结合来加强图像的边界效果。USM 锐化既可以锐化图像的边缘,也可以锐化整个图像或指定的区域。它能实现前面 3 种锐化滤镜同样的功能,却更为灵活,是一个很常用的滤镜。USM 锐化对话框中,"数量"值用来控制锐化的强度,值越大,锐化效果越明显。

任务 2　网页水珠滑落广告动画设计

任 务 实 施

1. 打开原文件,如图 7-17 所示,并复制背景副本。

图　7-17

2. 在副本上用多边形套索(L)工具抠取水珠,如图 7-18 所示。

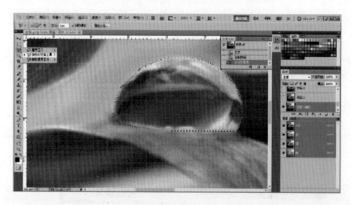

图　7-18

3. 复制水珠选区在新图层(Ctrl + J) ，如图 7-19 所示。

图　7-19

4. 修补背景副本，如图 7-20 ～图 7-22 所示。

(1)用矩形选区工具(M)选取相近的地方，羽化(Shift + F6) ，如图 7-20 所示。

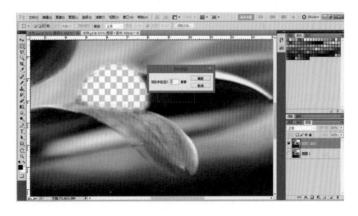

图　7-20

(2)切换到移动工具 V，按住 Alt 复制选区修补空缺的地方，如图 7-21 所示。

图　7-21

（3）重复上述步骤，直到把图修复到完美，如图 7-22 所示。

图 7-22

5. 复制水珠到不同图层，做出水珠滑落的效果，如图 7-23 所示。

图 7-23

6. 调出动画面板，从图层建立帧，如图 7-24 所示。

图 7-24

7. 设置帧延时为 0.1 秒，如图 7-25 所示。

图 7-25

8.存储为 Web 和设备所用格式,如图 7-26 所示。

图 7-26

知 识 链 接

1.艺术效果滤镜

艺术效果系列滤镜主要用来表现不同的绘画效果,通过模拟绘画时使用的不同技法,以得到各种艺术品精美的效果。

艺术效果滤镜功能总共有 15 个滤镜,我们首先选取图像,然后选择"滤镜"菜单下的"艺术效果"命令,再从下拉式菜单中选取所需的滤镜即可,如图 7-27 所示。

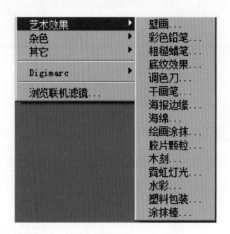

图 7-27

提示:艺术效果系列滤镜必须在 RGB 的色彩模式下才可使用。因此如果你的文件是 CMYK 模式,必须先转换为 RGB 的色彩模式。

2. 笔触效果滤镜

笔触效果滤镜能够将图片处理成笔触感极强的绘画艺术效果。

3. 扭曲滤镜

扭曲系列滤镜可以使图像产生扭曲、变形的效果,如常看到的旋涡、水波、玻璃或哈哈镜等。

4. 像素化滤镜

像素化滤镜的作用是将图像以其他形状的元素重现出来,这种手法类似于色构中的色彩归纳。

5. 渲染滤镜

渲染滤镜可以在图像上加入一些光景变化,如自然界的云彩效果。另外,选择"渲染"菜单下的"3D 变形"命令,还可以将图像映射到立方体、球体和圆柱体,然后从三维角度观察它们。

6. 素描滤镜

素描滤镜可以创作出各种精美的手绘效果,并且赋予图像不同的表面质感。在素描滤镜中,是以前景色和背景色来渲染图像效果的,所以处理后的图像往往以单色画面出现。

7. 风格化滤镜

风格化滤镜的处理方式,都是将图像中具有高对比的像素更加突显出来,产生强烈的凹凸感和边缘效果。通过风格化滤镜设计制作舞台幕布效果,如图7-28所示,我们给左边的图片添加舞台的幕布变成右边的效果。

图 7-28

(1)新建一个800像素×600像素,RGB色彩模式,72像素/英寸的文件。

(2)新建透明图层1,用白色画笔在图层1中随意画上线条,如图7-29所示。

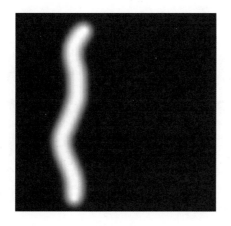

图 7-29

(3)选择图层1,再选择"滤镜"菜单中"风格化"下的"风"命令,方向从左到右,多次使用该滤镜,一般3次左右,如图7-30、图7-31所示。

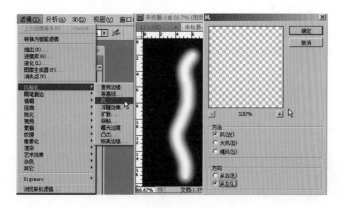

图 7-30

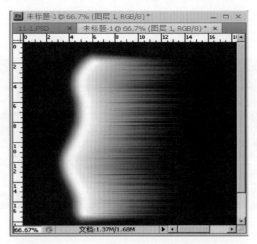

图　7-31

（4）按 Ctrl + T 对当前图层进行变形，如图 7-32 所示，左右拉大。

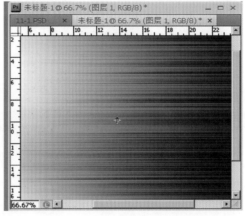

图　7-32

（5）选择"图像"菜单中"旋转画布"下的"逆时针旋转 90 度"命令。

（6）继续使用自由变换工具调整图像位置并缩放到合适的大小。

（7）按 Ctrl + A 键全选当前图层，再按 Ctrl + C 键拷贝。

（8）进入通道面板，新建 Alpha 1 通道，再按 Ctrl + V 键粘贴进来，如图 7-33 所示。

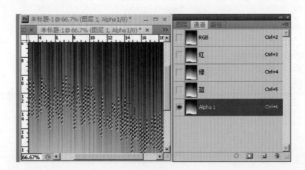

图　7-33

（9）回到图层面板,新建图层1,填充成红色,如图7-34所示。

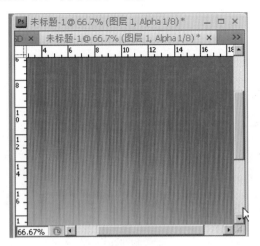

图 7-34

（10）在图层1上选择"滤镜"菜单中"渲染"下的"光照效果"命令,纹理通道为Alpha 1。

（11）确定后得到如图7-35所示的效果。

图 7-35

（12）在背景层上双击,解锁图层0,挪动图层0到图层1的上方。

（13）使用多边形套索工具选择演员的外形,如图7-36所示。

图 7-36

（14）执行"选择"菜单下的"反选"命令。按下键盘上的 Delete 键进行删除。

（15）此时大致效果已经出来了,不过需要将舞台背景进行模糊,以形成空间上的层次。选择"滤镜"菜单中"模糊"下的"高斯模糊"命令对其进行模糊,设置模糊半径为 4 像素,得到如图 7-37 所示的最终效果。

图 7-37

8. 纹理滤镜

纹理滤镜可以为图像加上材质、纹理,从而使对象产生质感上的变化,我们可以对各种纹理做出不同的深浅、大小的调整。

9. 扭曲变形滤镜

扭曲变形滤镜可以对图像产生变形效果,例如波纹、旋转、扭曲等,如图 7-38 所示。

图 7-38

• DIFFUSE GIOW(扩散亮光)
该滤镜可散射图像上的高光,生成一种发光效果。
• DISPLACE(置换)

该滤镜可以弯曲、粉碎或扭曲图像,不过其结果却很难预测,使用该滤镜需要有两个文件才能执行。该滤镜在执行时,首先要打开一个文件作为置换图,然后根据置换图的像素颜色值对图像进行变形。Photoshop 自带了许多置换图,这些置换图在 PLUG-INS 文件夹下的 DIS-PLACE MENT MAPS 目录下,你可以使用这些置换图来试验 DISPLACE 滤镜。

● GLASS(玻璃)

该滤镜可以产生透过玻璃观察图片的效果。

● OCEAN RIPPLE(海洋波纹)

该滤镜用来扭曲图像,使之看起来像起伏的海浪。该滤镜的效果与 GLASS 滤镜产生的效果差不多。在 OCEAN RIPPLE 对话框中,RIPPLE SIZE 用来控制波纹的尺寸,RIPPLE MAGNI-TUDE 用来控制波纹的幅度。

● PINCH(挤压)

该滤镜主要用来向内或向外挤压图像。

● POLAR COORDINATES(坐标转化)

该滤镜能将图像的坐标从直角坐标转换为极坐标或从极坐标转换为直角坐标。

● RIPPLE(涟漪)

该滤镜可以产生水波涟漪的效果。在该滤镜的对话框中,AMOUNT 用来控制水纹的大小,且 SIZE 下拉列表中列出了三种涟漪方式:LARGE(大)、MEDIUM(中等)和 SMALL(小)。

● SHEAR(切变)

该滤镜可以通过建立的曲线来弯曲图像。

● SPHERIZE(球面)

该滤镜可以将选区转化成球形。

● TWIRL(旋涡)

该滤镜可以产生旋转的风轮效果,旋转中心就是物体或选区的中心。

任务3　双 11 网站促销动画广告设计

设计任务完成效果图如图 7-39 所示。

图　7-39

任务实施

1.打开素材图片,复制背景层副本,如图7-40所示。

图　7-40

2.利用选框工具(M)与仿制图章工具(S)相结合,进行修图,将文字修掉。同时注意羽化工具和参数的设置。如图7-41所示。

图　7-41

3.然后逐步复制副本,制作动画步骤。通过矢量绘图工具绘制"淘"字标牌,如图7-42所示。

图　7-42

- 使用魔棒工具(G)抠出字,如图7-43所示。
- 按 Ctrl + U 键调整色彩饱和度,改变字的颜色,如图7-44 ~ 图7-46所示。

图　7-43

图　7-44

图　7-45

图　7-46

4.打开动画窗口,左击打开菜单,选择从图层建立帧,并设置播放时间,如图7-47和图7-48所示。

图　7-47

图　7-48

5.最后调整时间,制作完成。

知 识 链 接

制作 GIF 动画

GIF 动画是目前 WEB 页面广为采用的动画格式,在 WEB 页面中插入动画,能够使页面更美观,更具有欣赏性。GIF 动画是由一系列帧连续地播放出来,就产生了动画效果。制作 GIF 动画的方法有很多,使用 Photoshop 来制作动画可以产生很好的效果,而且在优化动画图像方面也能取得很好的效果。

使用 Photoshop 制作动画的步骤一般是首先在 Photoshop 里处理好图像,在窗口菜单下打开动画浮动窗口来制作动画。如图7-49 所示。

图　7-49

打开菜单会弹出一个浮动面板,这个面板集成了 Animation(动画)、Rollover(滚动按钮)、Image Map(图像印射)和 Slice(切片)面板,这些面板都是用于设计 Web 页面的,这里要讲的是针对动画制作的 Animation(动画)面板。

1. 添加新帧

当打开一幅图像或从 Photoshop 里设计好图像再转到动画面板时,就会自动把图像作为动画的第 1 帧。在 Animation 面板下面有一排按钮用来控制动画,见图 7-50。

图 7-50

动画由很多帧组成,一帧是构不成动画的。单击下面的"创建新帧"按钮,就创建了第 2 帧,第 2 帧中的图像与第 1 帧中的图像是一样的。为了有动感,第 2 帧必须与第 1 帧不同,这就需要编辑帧。

2. 编辑帧

编辑帧中的图像一般都是在图层面板中进行的。在图层中编辑帧时需要注意下面几点:

(1)对某一帧的图层使用 Layers 面板的命令及选项,如不透明度、混合模式、可见性、位置、图层效果等,只会影响当前的帧。

(2)如果使用其他命令及工具,如画笔、喷枪等图像描绘及编辑工具、色彩校正及调整命令、滤镜、蒙版等,则会影响所有的帧。

(3)增加一个图层,将会增加到所有帧。

(4)显示和隐藏图层,则该图层的可见性只在当前帧中改变。

单击面板下面的播放按钮,观看一下动画效果,可以发现播放速度比较快,但可以对速度进行调节,在每帧的下面有一个延迟时间,单击小三角就会弹出一个菜单,里面预设了很多时间,你可以根据自己的需要选择一个时间,如果你想把时间设为其他值,就选择"其它"选项,然后输入要延迟的时间。如图 7-51 所示。

图层面板也可以控制动画循环的次数。面板菜单下的第 1 个按钮就是控制循环次数,默认是 Forever(永远循环),也可以选择循环一次或几次,如图 7-52 所示。

在面板下面还有一个 Time(时间帧)按钮,这个按钮将在两帧之间加入一些中间帧,以使两帧之间自然过渡。单击这个按钮时会弹出一个对话框,如图 7-53 所示。

图 7-51 图 7-52

图 7-53

Layers 栏中有两个选项:All Layers 表示加入的帧包括图像所有的图层,Selected Layer 表示加入的帧只有当前操作的层。

Parameters 栏中有 3 个选项:Position 表示加入的帧按层的位置变化,Opacity 表示加入的帧按图层的不透明度变化,Effects 表示加入的帧按效果进行变化。

Tween With 用来确定在哪里加入帧,有 3 个选项:Next Frame 表示在选中的帧与下一帧之间加入帧;First Frame(仅当选中最后一帧时有效)和 Last Frame(仅当选中第一帧时有效)表示在第 1 帧与最后一帧之间加入帧;Previous Frame 表示在选中的帧与上一帧之间加入帧。

Frames to Add 用来确定在两帧之间加入多少帧。

其实上面做的是创建新帧,然后改变 Opacity,共创建了 6 个帧。实际运用 Tween 按钮,只需要两个帧,一个 Opacity 为 100% ,一个 Opacity 为 0% ,选中第 1 帧,然后单击 Tween 按钮,在 Layers 中选择 All Layers,在 Parameters 中选择 Opacity,在 Tween With 中选择 Last Frame,再将 Frames to Add 改为 4 就可得到完全相同的效果。

3.动画的优化及保存

动画做好后,先对动画进行优化,动画的优化在 Opacity 面板中进行。可以在图像窗口中选择 4-UP 来观察效果。

Opacity 面板里的优化选项与 Photoshop 里用 Save for Web 优化 GIF 格式的选项一样。

优化完成后选择"文件"菜单下的"优化保存"（Save Optimized）选项或"优化保存为"（Save Optimized as）选项，就可把动画保存为 GIF 文件了，在保存之前，读者还可以单击工具箱中按钮在 IE 浏览器中浏览所做动画的效果。如图 7-54 所示。

图 7-54

【项目小结】

本项目主要讲解 Photoshop 专门针对网络图像制作的动画功能，主要是制作 GIF 动画、对图像进行切图、对图像针对网页显示进行优化处理等功能。我们需要在不断的使用过程中熟悉它们。

Photoshop 滤镜的基本使用方法和技巧。单独的滤镜命令都不是太难，但是如何搭配使用它们是比较难掌握的，我们需要多做有关滤镜的综合性案例来反复体会它们的用法才能够最好的掌握。

【项目作业】

1. 尝试对一张图片使用各种滤镜命令。
2. 设计一个网页公益广告动画，如图 7-55 所示。

图 7-55

3. 设计制作一个 12 属相切换的 GIF 动画。

4. 对客户给定素材设计雨、雪动画效果,如图 7-56 所示。

图 7-56

5. 给 INTEL 芯片设计网页动画广告,如图 7-57 所示。

图 7-57